나는 뇌를 만들고 싶다

선웅

1969년 서울에서 태어났다. 어릴 때는 건강이 좋지 않아
혼자 집에서 이런저런 상상을 하며 지내는 시간이 많았다.
대학에 진학 후 발생학에 관심이 생긴 이래, 오랫동안 공부하고
연구원 생활을 하다 2002년 귀국하여 고려대학교 의과대학
해부학교실에서 신경발생학 분야에 대한 연구를 계속하고 있다.
가족은 사랑하는 아내 김민영과 유인 유빈 두 아들이 있다.

1987~1997 | 서울대학교 분자생물학과 학사/석사/박사
1997~2000 | 일본 오사카대 박사후 연수
2000~2002 | 미국 웨이크포레스트대 박사후 연수
2002~현재 | 고려대학교 의과대학 해부학교실 교수

나는 뇌를 만들고 싶다

선
웅

KAOS × Epi

반짝이는 순간 01

이음

차례

"뇌를 만들어보고 싶다. 진짜 뇌 말이다."

기억이 가물가물하지만 2006년쯤 되는 것 같다. 이 즈음에 미국에서 열리는 신경과학회Society for Neuroscience, SfN에 참석한 적이 있다. 이 학회는 해마다 미국에서 열리는 세계에서 가장 큰 뇌과학 분야 학회로, 엄밀히 말하면 미국의 학회지만 전 세계의 뇌과학자들이 참석하는 세계적인 학회이다. 우리나라에서는 '한국'이나 '대한'이라는 국가명을 앞에다 붙여서 '한국뇌신경과학회The Korean Society for Brain and Neural Sciences' 같은 식으로 이름을 붙이고, 유럽도 '유럽신경과학

연맹Federation of European Neuroscience Society, FENS'이라 이름을 붙이고, 2019년에 대구에서 성대하게 치러졌던 세계신경과학대회International Brain Research Organization, IBRO도 '세계'라는 말을 맨 앞에 붙인다. 그에 비해 그냥 '신경과학회'라는 이름에서 이미 자신감과 과도한 자만심이 느껴져서 살짝 주눅이 들기도 한다. 여하간 한국 뇌과학자들도 신경과학회에 가서 새로운 정보도 얻고, 세계 곳곳에서 온 뇌과학자들과 만나서 교류하는 것이 일반적인 일이라서, 나도 한동안 열심히 신경과학회에 참석하곤 했다. 학회에 가면 4~5일간 매일 수십 건의 구연 발표가 있고 수백 건의 포스터 발표가 있어서 하루 온종일 학회에 참석해서 수많은 발표를 듣다 보면 저녁 무렵엔 녹초가 돼버리고 만다. 다른 과학자들이 수년 간 심혈을 기울여 공부한 내용을 포스터 한 장, 10~20분의 짧은 강연에 압축하여 전달하는 것을 듣고 있노라면, 자극이 되기도 하고 내가 진행하고 있는 연구에 실질적으로 도움이 되는 경우도 많다. 학회에서 진행되는 수많은 일들 중 또 하나 중요한 것이, 기업들이 와서 여는 전시회이다. 이 기업 전시회에 가면 새로운 기기, 시약 등 연구에 꼭 필요한 것들을 볼 수 있고, 이게 나름 기업 홍보의 장이기 때문에 많은 기념품도 받을 수 있다. 그해에 가장 인기 있었던 기념품이 스폰지로 만든 뇌 모형이었다. 신경과학회니 그렇기도 하고, 뇌 연구로 골치 아픈 과학자들에게 눌러서 찌그러트리며 스트레스를 해소하라는 것이었다. 이게 한국에서도 한때 유행처럼 번져서 국내 학회나 뇌 관련 기업에서도 뇌 모형을 기념품으로 만들어 뿌리던 때가 있었다. 이런 뇌 모형을 주무르고 있노라면 왠지 내가 뇌를 소유하고 지배하고 있다는 느낌도 들고, 촉감에서 오는 감각적 자극이 그리 나쁘지 않았다. 그러나 이 뇌 모형은 한때의 유행처럼 지나가버렸고, 이제는 그 자취를 찾아보기 어렵다. 아무 반응도 하지 않는 뇌는 아무리 모양이 정교하고 그럴듯해도 우리 뇌를 더 이상 자극하지 못하기 때문에 관심이 사라진 것이다. 이런 모형이 아닌, 진짜 뇌를 만들어 키울 수 있다면 어떨까?

뇌 모형이 모양만 본떴을 뿐 뇌가 가진 신비롭기까지 한 능력과 기능을 갖추지 못하였다면, 그와는 반대로 뇌와 완전히 다른 모양인데도 그 기능을 비슷하게나마 보여주는 인공 개발품이 있다. 스마트폰을 켜고, 마치 알라딘이 지니를 부르듯이 '시리' '빅스비' '구글' 등 이름을 외쳐부르면 묻는 말에 대답도 해주고 시킨 일을 간단하게나마 해주기도 한다. '인공지능'이라는 기술을 이용해서 만든, 생물학적인 뇌가 아닌, 정보과학적인 뇌 유사품이다. 뇌는 다양한 외부 정보를 받아

들여 처리한 후에 뭔가 새로운 신호(우리는 통상 이 신호를 생각이라고 부른다)를 만들어 내어 행동을 이끌어 낸다. 이러한 과정은 공학적인 정보처리 과정과도 일맥상통하는 부분이 있어서, 예로부터 인간의 뇌 유사품이 컴퓨터라고 한 적이 있고, 인터넷 같은 정보망이라고 하기도 하고, 인공지능 같은 알고리듬에 빗대기도 해 왔다.

 "Brains are the only things worth having in this
  world, no matter whether one is a crow or a man."
  『오즈의 마법사』 중 허수아비의 말

위 영어 문장을 구글과 파파고를 통해 한국어로 번역해 보면, 놀라울 만큼 서로 다른 두 문장이 나온다.

 "두뇌가 까마귀든, 사람이든, 이 세상에서 가질 가치가 있는
  유일한 것은 뇌입니다."
  _구글

 "까마귀든 사람이든 이 세상에서 가질 만한 것은 뇌뿐이다."
  _파파고

나는 뇌를 만들고 싶다

두 문장 모두 그다지 정확한 번역으로 보이지는 않는데, 지금 수준의 자동번역 시스템을 놀리는 의미로, '구글번역체'라는 말을 쓰기도 한다. 사실 이 영어 문장의 의미를 사람이 어떻게 파악할 수 있는지 명확한 규칙을 찾기는 어렵기 때문에, 번역기가 영어 공부를 아무리 열심히 한다 해도 미묘한 뉘앙스까지 자동적으로 알아내긴 어렵다. 규칙이 명확한 경우라면 컴퓨터가 잘 해내지만, 규칙을 정의할 수 없는 경우에는 아무리 인공지능이라 해도 아직 충분한 수준에 도달해 있지 못하다. 더구나 인공지능의 작동 원리를 따지고 보면 인간의 뇌와는 별 연관성이 없다. 알파고의 아버지인 허사비스가 딥마인드는 인간 뇌를 본떠서 만든 게 아니라 인간 뇌로부터 '영감을 받아inspired' 만들었다고 한 말은 의미심장하다. 인간의 지능과 인공지능은 흡사 잠자리의 날개와 새의 날개가 진화적으로 비슷한 기능을 하고 있긴 하지만 작동 원리는 전혀 다른 것처럼 그 속은 다르지만 겉보기에 비슷해 보일 뿐이다. 이런 유사품 말고 **진짜 뇌를 키워보고 싶다.**

사실, 반려동물을 키운다거나, 친구 만들기, 아이 돌보기 같은 일들도 뇌와 그 뇌를 담고 있는 몸을 함께 키우는 과정이라고 볼 수 있다. 물론 너무 '뇌' 중심적인 뇌과학자의 관점이긴 하다. 여하간 나는 이런 것 말고 그냥 생물학적인 '뇌'를 만들어 키워보고 싶다. 과학에는 실용적인 이유도 있지만, 그냥 호기심이 원천이 되는 경우도 아주 많다. 모르는 것을 알고 싶고, 알고 싶으면 어떻게든 알아내려고 노력하는 것이 인간의 본성인 거다(이런 본성을 새로운 자극을 탐닉하는 뇌의 특징이라고 말하기도 한다. 특히 사람의 뇌가 이런 자극 탐닉성에 민감하다). 더구나 지금은 어떤 시대인가, 줄기세포로 사람을 복제하는 게 기술적으로 가능하고 유전자 하나하나를 읽어 유전정보를 파악하고, 심지어는 원하는 대로 바꾸는 것도 모두 가능하다. 인간 복제가 일어나지 않는 것은 기술이 모자라서가 아니라 사회적인 규범과 법에 의해 함부로 인간을 복제하지 못하도록 금지하고 있기 때문이다. 이런 규제가 없다면, 필요한 기술과 돈, 장비를 갖추고 어디서 누군가는 복제인간을 만들고, 이를 통해 돈을 벌고 있거나 세계 정복(?)을 꿈꾸고 있을 수도 있다. 곰곰이 생각해 보면, 이렇게 허황되고 불손한 목적 말고도 복제인간 기술을 이용해서 해결할 수 있는 인류가 당면한 문제들이 있다. 그중 하나가 미니 장기 제작 기술이다. 사람 전체를 복제하게 되면 새로운 자아를 가진 존재를 복제하게 되므로 윤리적으로 큰 문제가 되겠지만, 우리 몸에서 조금 떼어낸 세포를 잘 키워서 우리 몸에 다시 넣어줄 수 있는 간, 연골, 신장, 피부 같은 일부분을 만들게 되면 윤리적 문제를 회피하면서 이로운 점만 취할 수 있다. 아직 초보 단계이긴 하지만 미니 장기 제작 기술은 이런 일들을 가능하게 하며, 매우 많은 미니 장기 개발이 웬만큼 제 궤도에 올라와 있다. 뇌 역시 예외는 아니어서, 과학자들은 조심조심 실험실에서 윤리적인 문제가 생기지 않을 정도의 크기와 기능을 가진 미니뇌*를 만들어서 우리의 뇌는 어떤 특징을 가졌는지 알아본다거나, 뇌질환 치료를 위한 약물 개발에 이용한다거나, 환자에게 이식할 뇌조직 대체품으로 사용할 수 있는지 연구하고 있다.

이 책에서는 최근에 진행되고 있는 미니뇌 만들기 프로젝트에 대한 다양한 내용을 소개하고자 한다. 먼저 우리가 만들고자 하는 미니뇌가 어떤 특징을 가져야 하는지, 조금 지루할 수 있더라도 이론적인 설명을 하고 나서, 미니뇌의 설계도와 재료, 그리고 만드는 방법과 원리를 차근차근 설명해 보겠

---

* 과학자들은 뇌 오가노이드brain organoid라는 용어를 사용한다. '장기'라는 뜻의 'organ'에 유사성을 뜻하는 '‒oid'라는 말을 붙여 장기 형태를 가진 인공물이라는 의미를 나타낸다. 안드로이드가 사람을 닮은 로봇이라는 의미인 것과 비슷하다. 이 책에서는 뇌 오가노이드라는 말 대신 미니뇌라는 용어를 사용했다. 뇌 오가노이드라는 말이 더 어렵기도 하거니와 이미 언론 등에 미니뇌, 미니 장기라는 말이 통용되고 있어서 좀 더 친숙하게 설명하고 싶어서이다.

다. 나와 같은 과학자들 대부분은 철학적이거나 인문학적인 훈련을 받을 기회가 별로 없어서 글재주도 없고 조금 건조하게 글을 쓰는 특징이 있다. 그럼에도, 독자들에게 이 책이, 과학자들이 어떻게 뇌를 만들려고 하는지 들여다보면서, 뇌는 어떤 장기이며 인간은 어떤 존재인지 이해해 나가는 작은 단서들과 영감을 얻는 기회가 되기를 바란다. 뇌 만드는 사람의 옆에 앉아 이야기를 듣는 것마냥 책장을 넘겨가면서, 과학기술의 발전이 어떻게 우리 스스로에 대한 생각을 바꿀 수 있는지 잠시 확인해 보는 기회가 되기를 희망한다.

Brain: an apparatus with which we think we think.

Ambrose Bierce

CHAPTER 1

만들고자 하는,
뇌란 무엇인가

미국의 극작가였던 앰브로즈 비어스는 "생각하는 것을 생각하는 장치"라고 뇌를 정의하였다. 뇌가 생각을 만드는 중요 장기라고 처음으로 주장했던 데카르트가 "나는 생각한다. 그러므로 나는 존재한다."라는 유명한 철학적 명제를 제시했던 점을 생각해 보면, 실로 재기 넘치는 정의인 듯하다. 이 두 명제를 합치면 뇌가 있어 나는 존재한다는 의미를 꺼낼 수도 있다. 특히 주목할 점은 '장치'라는 표현인데, 기계의 발전으로 산업화가 진행되던 시기, 인간이 생각할 수 있는 가장 정교하고 고차원적이며 미래지향적인 인공물은 정밀 기계였기에 그에 빗대어 정의를 내린 것이다. 컴퓨터의 발전기에는 뇌를 컴퓨터에 비유하고, 인터넷 혁명 이후엔 뇌를 네트워크로 보는 견해가 대중성을 갖는 것은 당대 최고 기술이 도달한 지점을 기반으로 (또는 그 기술의 궁극적 목표로) 뇌를 생각한다는 의미이다. 이런 식으로 뇌는 미래지향적 이미지를, 첨단 장치는 뇌가 가진 신비로운 이미지를 상호 교감한다.

미니뇌 만들기 프로젝트 이야기를 본격적으로 시작하기에 앞서, 일단 무엇을 만들고자 하는 건지 좀 더 구체적으로 설명해 보려고 한다. 이는 간단한 문제가 아닌데, 왜냐하면 '뇌'는 매우 복잡한 장기일뿐더러 그 기능도 아주 많고, 동물 종에 따라서(그리고 같은 사람이라도 개개인마다) 상당한 차이를 보이기 때문에 이 부분을 명확히 해두지 않으면 나중에 만들어 놓은 완성품을 보고 크게 실망할 수 있기 때문이다. 이번 1장에서는 뇌가 어떻게 구성되어 있는지, 어떤 기능을 담당하는지, 그러므로 어떤 존재인지 등을 설명하려고 한다. 뇌과학 기본 지식이 있는 독자라면 간단히 훑어보고 넘어가도 무방하다. 하지만 뇌가 어떻게 작동하는지에 관해서는 아직 전체 맥락을 관통하는 정설이 없어 학자에 따라 서로 다른 측면을 강조하고 있기 때문에, 신경발생학자는 어떤 생각을 하고 어떻게 설명하는지 가벼운 마음으로 읽어봐도 좋지 않겠는가.

뇌 정의에 대한 아주 짧은 역사

역사적으로 뇌가 어떤 장기인지에 대한 개념이나, 뇌의 역할이 무엇인지에 대한 생각은 계속 바뀌어왔다. 우리말로 뇌는 '골'이라고 한다. '골치 아프다' 같은 표현이 이와 관련되어 있다. 뇌에는 많은 주름이 잡혀 있는데, 이는 밭의 이랑이나 고랑과 비슷하다. 즉 뇌가 어떤 역할을 하는지가 아니라 모양새를 본떠서 만든 이름이다. 뇌腦라는 한자 역시 모양을 빗대 만든 글자이다. 일본말로도 뇌를 '脳のうみそ(뇌 된장)'이라고 부르는데, 뇌의 모양이 무르고 잘 부서지는 것이 된장과 비슷하다고 생각했던 모양이다. 영어로 뇌, 즉 'brain'은 독일어인 'Brei(푸딩의 일종을 이르는 말)'로부터 유래했다고 한다. 기능을 알기는 어려워도, 모양을 파악하기는 쉽기 때문에 이름은 모양을 바탕으로 해서 만들어진다. 뇌에 소위 '정신작용'이라고 하는 기능이 탑재되어 있음을 언제 인류가 파악했는지는 정확히 알 수 없지만, 글을 남길 정도로 배운 귀족들 사이에

나는 뇌를 만들고 싶다

서는 흥미로운 논쟁거리였을 것이다. 지금의 우리에게 외계 생명체니 인공지능의 특이점 도달이니 하는 주제들이 어느 정도 근거는 있으되 실험적으로 입증할 방법이 모호하기 때문에 가설과 상상이 덧붙여진 논쟁거리이듯이, 과거에는 뇌의 정신작용도 그랬을 것이다. 근거가 불명확한 경우에 인간은 이성보다는 감정을 바탕으로 자기 입장을 정한다. 그러므로 과거의 사람들도 뇌에 대한 개념을 정립하는 과정에서 감정적인 입장이 먼저였을 테고, 서서히 증거가 쌓이면서 이성적으로 판단하고 뇌에 대한 인식을 바꾸어 왔을 것이다.

미적으로 뇌가 얼마나 아름다운 장기인지에 대해 사람마다 주관적 느낌이 다르겠지만, 긍정적인 감정을 유발하진 않는 것 같다. 머리뼈 속에 깊숙이 감추어져 있는 뇌를 우리 눈으로 보게 되는 사건은, 죽음과 관련되어 있을 가능성이 높다. 죽음만큼 부정적인 사건도 인생에서 별로 없을 테니, 죽음이 부정적인 감정을 불러일으키는 것은 놀랄 일도 아니다. 오죽하면 영어에서 'brain'이 동사로는, '뇌가 튀어나올 정도로 세게 머리를 친다'라는 의미로 사용될까. 뇌와 더불어 생명에 가장 큰 영향을 주는 또 하나의 장기인 심장은, 자동적으로 맥동을 띠는 역동성이 있기 때문에 보다 직관적으로 그 중요성을 파악할 수 있고, 신비롭다는 느낌과 경외심을 불러

일으킨다. 그래서인지 동서양을 막론하고 뇌보다는 심장을 더 중히 여겨왔다. 동양적인 사고방식으로 보아도 마음과 감정은 엮여 있는데[아마도 감정에 따라 심장 박동수가 변하는 것, 심쿵하는 경험이 바탕이 되어 만들어진 개념일 것 같다], 한자어에서 감정感情이라는 두 글자에 마음心이 각각 한 개씩 들어가 있는 점이 흥미롭다. 뇌腦에는 몸月을 의미하는 변이 들어있는 것과 대비해 보면, 뇌는 몸의 일부인 흉凶한 장기이고, 심장에는 마음이 깃들어 있다고 본 것이다. 이러한 관념의 전통이 얼마나 강하면, 심장 이식 수술에 따라 다른 이의 마음이 옮겨지게 되는 것이 아닌가 하는 믿거나 말거나 싶은 경험담들이 있을까. 『동의보감』을 보면, 뇌는 '눈물과 콧물' 등 몸의 진액을 만드는 곳이라고 쓰여 있다고 한다. 뇌의 하찮은 이용 방법이다.

아리스토텔레스가 사람의 마음은 심장에 깃들어 있다고 보았다는 점 역시 놀랍지 않다. 고대 이집트 사람들은 미라를 만들 때 심장을 제외한 뇌 등 내장 장기는 꺼내어 따로 보존하였다. 내장 기관은 무르고 쉽게 상하니까, 향유나 소금 등을 사용하는 미라 제조 방법으로는 보존하기 어려웠을 것이다. 애석하게도 뇌는 주로 코를 통하여 빼내야 해서, 꺼내고 나면 심하게 손상받을 수밖에 없었고, 그리하여 그냥 버려졌다. 심장만은 마음과 감정이 모두 들어 있으니 죽은 후의 삶에서 중요하다 생각하여 몸속에 남겨두었다고 한다. 흥미로운 점은, 이후 미라가 되기를 원하는 사람들이 많아져서 왕족들뿐만 아니라 일반인들도 죽은 후 미라를 만들어 장례를 치르는 경우가 종종 있었다는데, 뇌를 꼼꼼히 제거하지 않는 경우도 있었나 보다. CT 스캔 같은 현대의 기술을 이용해 분석해 보면, 일반인의 미라에는 뇌가 남아 있는 경우가 많으며, 귀족과는 반대로 대부분 심장이 몸 밖으로 꺼내져 있다고 한다. 수요가 많아지면서 기술이 부족한 박제사들이 전통적 방식을 무시하고 싸게 시술해서였는지, 아니면 귀족들만 사후 세계에서 우월한 지위를 누리기 위해서 그런 것인지는 아직도 고고학자들이 연구하고 있는 주제라고 하지만, 이들의 세계관을 따른다면 왕족들보단 뇌가 미라에 남아 있던 서민들이 좀 더 정상적인 사후 세계를 누렸을 것 같다.

요즘은 조직이나 장기의 방부 처리를 하기 위하여 알코올이나 포르말린 용액을 주로 사용하는데, 포르말린으로 시체가 썩지 않게 보존하는 방법을 사용한, 현재 밝혀진 최초의 기록은 1920년대에 이탈리아의 알프레도 살라피아Alfredo Salafia, 1869~1933라는 박제사가 사용한 것이다.

근대적 고정 방법을 사용해야 뇌의 미세 구조를 망가뜨리지 않고 단단하게 고정할 수 있기 때문에, 현미경적 관찰을

그림1-1 알프레도 살라피아가 처리한 로잘리아 롬바르도Rosalia Lombardo라는소녀의 미이라로, 유럽에서는 잠자는 미녀라는 이름으로 알려져 있다. 출처: https://en.wikipedia.org/wiki/Rosalia_Lombardo

통하여 뇌의 자세한 구조를 연구할 수 있게 된 것은 고작 100년 전부터의 일이다. 포르말린 고정과 골지염색법이라는 근대적 방법으로 자세한 뇌 구조를 파악하기 시작한 시점이 대략 100년 전이라고 생각해 보면, 뇌 연구는 정말 새로운 연구

나는 뇌를 만들고 싶다

분야이자 매우 빠르게 발전하고 있는 분야이다. 대부분의 자연과학이 그렇듯이, 관찰로 시작된 연구는 실험을 거쳐 증거가 쌓이고, 이러한 관찰과 실험이 모여서 그 본질을 파악하기 시작하는 단계로 진전된다. 이런 측면에서 보면 뇌 연구는 관찰의 시대를 지나 실험의 시대를 넘어서고 있다. 운이 좋다면, 고전역학이 250년의 시간을 거쳐 양자역학으로 발전되어 물리학의 시대가 열렸던 것처럼, 100여 년 인고의 시간을 거친 뇌과학이 새 시대를 여는 것을 우리 세대는 살아생전에 경험할지도 모른다. 본질을 명확하게 드러내는 단순한 명제를 정의라고 본다면, 아쉽게도 우리는 아직 뇌를 제대로 정의하지 못하는 시점에 있다.

앞서 보았던 것처럼, 뇌는 그 기능을 잘 모르던 시기에 눈에 보이는 모양을 바탕으로 하여 '뇌'라는 이름을 얻게 되었지만, 기능을 가늠할 수 있을 만한 여러 가지 계기가 있었다. 고대로부터 뇌수술을 한 것으로 보이는 마야 문명도 있었고, 중국의 화타도 뇌수술을 언급했다고 하니, 뇌가 마음에 중요한 역할을 했음을 인류는 어느 정도 파악하고 있었던 것으로 보인다. 화타가 전설적인 명의로 불리기는 하지만, 조조의 편두통을 뇌 수술로 치료하고자 했던 것으로 보아, 뇌에 대하여 그리 해박한 지식을 가졌던 것 같지는 않다. 편두통은 뇌가 아니라 머리 쪽의 혈관과 관련 있는 질환이기 때문에 뇌 수술을 할 만한 병은 아니기 때문이다. 조조의 생각처럼, 화타가 조조를 죽일 생각으로 뇌 수술 이야기를 꺼낸 것이 아니라면 말이다. 사람들은 머리를 다치면 큰일난다는 것을 오랜 경험으로 알았을 텐데, 그럼에도 불구하고 마음이 심장에 있다고 생각했던 이유가 뭘까? 이에 대해 정확히 알기는 어렵지만, 여기서 말하는 '마음'은 넓은 의미로서의 뇌 기능 전체를 의미하는 것이 아니라, '감정'에 가까운 의미로서의 마음이다. 감정의 변화가 심장 박동의 변화로 드러나는 것은 우리가 익히 잘 아는 현상이고, 이러한 점에 주목해서 생겨난 개념으로 보인다. 냉철한 이성이나 의식이 심장에 있다고 본 것은 관찰에서 생긴 개념이 아니라, 심장에서 유래한 '생기'라는 형이상학적 존재가 뇌를 포함하는 몸에 깃들어 마음이 일어나는 것이라는 방식의 알 듯 말 듯한 설명들이 심장-마음론을 떠받치고 있었다.* 감정과 달리 냉철한 이성(혼)은 뇌에서 기원한다는 플라톤의 주장도 있었으니, 딱히 고대인들이라고 뇌에 대하여 완전히 우리와 다른 생각을 가지고만 있었

* 주로 이런 논리의 근원은 아리스토텔레스의 몸-마음 이원론과 관련되어 있다.

던 것은 아닌 것 같다.

뇌 비유의 역사

뭔가 한마디로 정의하기 어려운 것을 상대방이 알아들을 수 있도록 설명하려 할 때, 흔히 실체가 명확한 어떤 것에 비유하여 설명한다. 데카르트 시대부터 20세기 초반까지 산업화 기계 문명이 최첨단이었던 시기에 뇌와 마음을 물질론적으로 설명하고자 하는(사실 이 시기에는 마음은 영혼이라는 비물질적 세계에 속한다고 보는 관점이 사회적으로 더 우세하였다) 과학자들은 정밀 기계에 빗대어 뇌의 작동 원리를 설명하려 했었다. 19세기 말 영국의 의사이자 생리학자였던 리처드 케이턴 Richard Caton, 1842~1926이 뇌파를 발견한 일이 뇌에 전기적인 신호가 존재함을 최초로 밝힌 것이었으니, 전기 장치와 같은 정밀 기계로 뇌를 상상하였던 것 같다. 뇌뿐만 아니라 생명체 자체를 기계론적으로 보는 시각이 많았을 테니 이상하게 여길 일도 아니다. 디지털 시대 초창기인 1951년에, 선구적인 신경과학자였던 칼 래슐리Karl Spencer Lashley, 1890~1958는 뇌를 기계에 비유하는 것에 반대하여, "우리는 전화 이론, 전기

장 이론 및 컴퓨팅에 기반한 이론을 가지고 있습니다. 우리는 이제 기계 비유 없이도 뇌 자체와 행동 현상을 연구함으로써 뇌가 어떻게 작동하는지에 대해 더 많이 알 수 있습니다."라고 주장하였다.* 그러나 이러한 기계 은유의 파기 선언 이후, 그 자리를 대체한 것은 컴퓨터였다. 필자가 대학원생 때 들었던 신경과학개론 강의를 맡았던 강봉균 교수님도 자판 입력(감각)이 CPU에서 연산되어(뇌), 모니터로 출력(운동/행동)되는 과정으로 컴퓨터에 비유하여 쉽게 설명해 주셨다. 뇌의 활동은 결국 CPU의 하드웨어와 이를 운영하는 소프트웨어 코드에 의해 일어나는 것과 비슷하다는 설명에, '아하!'하면서 뭔가 뇌 작동을 이해한 것 같은 느낌을 받았었다. 이게 1990년대의 일이고, 컴퓨터 은유는 수십 년간 유지되었던 것 같다. 그러나 이러한 은유에 기대면 뇌 정보를 처리하는 과정을 과도하게 다운스트림 구조, 즉 입력에 의하여 반응하는 직선적인 명령 체계로 인식하게 되는 단점이 있다. 이러한 관점은 뇌가 정보 자체를 생산해 내는 '정보 생산 장치'에 가깝고, 인간 뇌의 고위 기능 대부분이 외부 자극의 입력 없이 뇌에서

* 더 자세한 내용이 궁금하면, 다음 글을 읽어보면 좋겠다. Matthew Cobb, "Why is your brain is not a computer?" *The Gurdian*, 2020.2.27.

창발emergence하는 것임을 간과하게 만드는 문제점이 있다. 보다 최근에 유행하는 은유는 인터넷망과 같은 고도화된 네트워크이다. 인간의 뇌와 비교하면 인간이 만든 모든 인터넷망을 다 더해도 인공 인터넷망은 훨씬 단순하다. 이 정도 수준의 인터넷망을 통해서도 댓글과 많은 네티즌들의 활동으로 개개인이 도달할 수 없는 집단지성이 싹트기도 한다. 인간이 가진 뇌신경회로망만큼 네트워크의 크기가 충분히 커진다면 이성이 창발할 수 있다고도 볼 수 있다.

은유는 통찰력을 만들고, 풍부한 발견을 일으키는 데 필요하긴 하지만, 다른 한편으로는 오해를 불러일으키기도 하기 때문에, 은유에는 유효 기간이 있다. 역사적으로 볼 때 이제 뇌를 방대한 네트워크(뇌신경회로망)로 이해하는 시대에 와 있다. 이러한 측면에서 인터넷 네트워크를 분석하고 빅데이터를 해결하는 다양한 방법론은 인간의 뇌를 이해하는 데 크게 도움을 줄 가능성이 높다. 아이러니하지만, 인공지능(AI)을 만들어서 인공지능이 어떻게 인간의 뇌와 비슷하게 작동하는지, 또는 어떻게 다르게 작동하는지를 분석해 보면 인간 뇌를 좀 더 잘 이해할 수 있다. 현재의 AI는 인간 뇌의 작동 원리에서 영감을 얻기는 했지만 비슷한 방식으로 구현되는 것이 아니다. 그래서 매우 전문적인 일부 과업은 잘 해내지만, 정확히 정의되지 않은 과업*은 오히려 훨씬 어려워한다. 이러한 일을 잘 하게 만들려면 아무래도 인간 뇌가 어떻게 작동하는지 좀 더 잘 알아야만 한다. 인간의 뇌와 비슷한 정보처리가 가능한 AI를 만들어 낸다면 그 작동 원리가 우리 뇌의 실제 작동 원리와 비슷할 가능성이 있으며, 뒤집어 생각해서 인간 뇌와 비슷한 능력을 가진, 특이점을 넘어가는 AI를 만들어 낸다면 그때가 바로 인간 뇌가 어떻게 작동하는지 가장 중요한 원리를 파악하는 순간이 될 것이다.

이같은 은유의 변천은 뇌를 이해하기 위해 어떤 방식으로 접근해야 하는지에 대한 생각을 바꾼다. UC버클리의 애릭 조나스Eric Jonas 박사와 노스웨스턴대학교의 콘래드 코딩Konrad Kording 박사는, 현재의 연구 방법들로 뇌를 얼마나 이해할 수 있는지 알아보기 위하여, 컴퓨터의 마이크로프로세서의 작동 원리를 현대 뇌연구 방법론으로 알아내는 게 가능한지 시도해 보았다.[1] 만일 작동 원리를 파악할 수 있다면, 현재의 방법론을 믿고 열심히 더 노력하면 뇌의 작동 원리를 알아내는 데에 희망이 있다. 그러나 해석이 불가능하다

---

*　대부분 사람들이 두뇌를 사용하는 변변치 않은 일들이다. 고양이를 보고 고양이라는 것을 안다거나, 아침 잠결에도 엄마가 깨우는 소리를 알아듣는다거나 하는 일들 말이다.

면 현재의 방법을 근본적으로 의심하고, 새로운 방법을 찾기 위해 노력을 기울여야 한다는 말이 된다. 즉 정답을 알고 있는 인공물을 이용해서 현재의 방법론이 적절한지 검증할 수 있다는 참신한 발상이다. 이러한 전제 하에 1975년에 출시된 MOS6502라는 8비트 마이크로프로세서를 대상으로 선정해서 실험을 했는데, 이 프로세서는 사람의 뇌에 비하면 훨씬 단순할 뿐더러, 아타리 게임기에 들어가는 칩이기 때문에, '뇌 기능'을 대신해서 게임이 정상적으로 작동하는지를 검토할 수 있다는 장점이 있다. 이들은 현미경을 이용한 마이크로프로세서의 구조 관찰로 연결성을 파악하고, 프로세서 안에 있는 3,510개의 트랜지스터를 하나씩 망가뜨린 후 그 기능변화를 분석하였다. 그 결과 약 1,500개의 트랜지스터 고장은 〈동키콩〉의 작동을 망가뜨렸으며, 이 중 100개 정도의 고장은 〈인베이더〉 등 다른 게임에는 문제를 일으키지 않는 '특이적' 고장이라는 사실을 알아내었다. 게임이 작동하는 동안에 각각의 트랜지스터에서 나오는 전기 신호도 조사하였고, 이렇게 모은 도선 연결 정보, 전기 신호 정보, 신호 네트워크 정보, 기능 정보 등을 모두 모아서 기존에 알려져 있는 계산 신경과학, 네트워크 이론 등을 총동원해서 결과를 분석하였다. 이러한 분석 방법은 해부학, 전기생리학, 유전자 조작법 등 현대 뇌과학 연구 방법들과 매우 비슷하다. 그러나 (아마도 독자들의 예상대로) 아타리 게임기가 〈동키콩〉을 어떻게 작동시키는지는 알아내지 못하였다! 고작 3,510개의 트랜지스터로 되어 있는 회로도 파악이 안 되는데, 860억 개의 뉴런으로 된 뇌 기능을 파악하는 것은 불가능하지 않을까?

이러한 사실을 과장 해석하여 현재 뇌과학을 연구하는 방법이 무용지물이라고 판단하는 것은 곤란하다. 뇌는 아타리 게임기가 아니고 뉴런은 트랜지스터가 아니기 때문에, 현재의 뇌 연구 방법론들이 아타리 게임기의 기능을 파악하지 못했다는 사실이 뇌 기능의 해석은 불가능한 영역에 있다는 것을 입증하는 것은 아니다. 그러나 관찰과 파괴적 실험을 위해 확립된 현재의 뇌 연구 방법론들이 가진 한계를 부정할 수는 없고, 새로운 통합을 위해서는 새로운 뇌 연구 방법론의 출현이 절실히 필요하다는 점을 잘 보여준 연구였다.

미니뇌 기술은 새로운 가능성을 열까

같은 맥락에서, 그렇다면 어떤 방법론이 있어야 인간의 뇌 기능을 알 수 있을까? 앞서의 〈동키콩〉 실험은 전형적인 망가뜨리기 방식이다. 완결된 시스템에서 한 요소(편의상 X라고 하자)를 없앤 후에 기능(Y라고 한다)의 변화를 관찰해서 X가 어떤 역할을 하는지 알아보고자 하는 것인데, 이러한 방식으로 우리가 얻을 수 있는 정보는 'Y기능을 하는 데 X가 필요하다'이다. 〈동키콩〉 실험뿐만 아니라 유전자 돌연변이 연구, 수술적 제거 연구, 뇌질환 환자 연구 등이 모두 이러한 범주(빼기 실험)에 속하는데, 모두 제거된 요소가 필요한지 여부를 검증하기 위한 접근법이다. 이러한 방식은 매우 중요한 정보를 주긴 하지만, 시스템 전체가 어떻게 작동하는지에 대한 해답을 바로 주지는 않는다. 다만 이러한 정보들을 최대한 많이 모아서, 깊고 자세한 논리와 상상력을 동원한다면, 시스템이 작동하는 원리에 근접한 가설을 만들어 낼 수 있다. 이와는 다른 접근법이 더하기 실험인데, 현존하는 시스템에 중요하다고 생각하는 요소를 더해보는 것이다. 요소 W가 특정 기능 Z를 일으키는 요소라면, 요소 W를 더했을 때 이 시스템에는 Z 기능이 생겨날 것이다. 이러한 결과를 얻는다면 'Z 기능을 하는 데에는 W로 충분하다'라는 결론을 얻게 된다. 빼기 실험 못지않게 이런 더하기 실험도 중요한 정보를 준다. 두 접근 방식은 논리 구조상 필요조건, 충분조건에 준하는 것이며, 이러한 연구 전략은 생물학에서 전반적으로 이용하고 있는 매우 일반적인 방법들이다. 수만 개의 유전자로 구성된 거대한 시스템인 생명체를 이해하려면 수만 개의 유전자를 하나씩 없애고 더해 보는 실험을 모아야 하는데, 실제로 이러한 거대 프로젝트를 신념을 가지고 진행하고 있는 세계적 컨소시엄들이 여러 개 있다.* 그럼에도 불구하고 〈동키콩〉 실험을 근거로 보면 데이터를 다 모은다 해도 근원적인 해답에는 도달하지 못할 수도 있다. 왜냐하면 이런 방법으로는 다양한 요소가 협력하여 작용하는 복잡계를 해석하는 데에는 한계가 있기 때문이다.

이런 측면에서 제3의 길을 가야 할 필요가 있다. 그중 하나는 기존의 시스템을 기반으로 하여 뭔가 더하고 빼는 방식이 아니라, 그냥 처음부터 만들어 보는 방식이다. 존재하는 시스템에 뭔가를 넣거나 빼는 방법으로는, 시스템의 핵심보다 주변부 정보를 얻을 가능성이 높다. 정말 기본적인 것은 조금만 건드려도 시스템이 완전히 망가지기 때문에 오히려

---

*   대표적인 콘소시엄 중 하나가, '세계 마우스 표현형 컨소시엄International Mouse Phenotyping Consortium, IMPC'이다. 이 기구는 마우스의 유전자 각각을 모두 없앤 동물 라이브러리를 만들어서, 유전자의 기능을 파악하고자 하는 야심찬 계획을 가지고 있는데, 세계 19개 연구팀들이 참여하고 있다. 우리나라도 KMPC를 만들어 이 컨소시엄의 일원으로 많은 연구자들이 활약 중이다.

자세한 정보를 얻기 어렵기 때문이다. 또한 이러한 방식으로 모은 정보들 각각이 얼마나 중요한지 구분하는 것도 어렵다. 컴퓨터에서 CPU가 망가져서 작동하지 않는 경우와 전원 스위치가 안 켜져서 작동하지 않는 경우를 구분해야 한다[아차, 뇌를 또 컴퓨터에 비유하고야 말았다!]. 이런 한계가 있긴 하지만, 조금씩 느리게 쌓아올린 정보가 충분해지면, 이 지식을 바탕으로 처음부터 시스템을 만들어 보는 것이 가능해진다. 처음부터 만들 만한 용기를 낼 정도의 정보를 가지고 있다면, 한번 시스템을 만들어 보는 것이다. 만일 어설프더라도 프로토타입을 만드는 것에 성공한다면 우리는 핵심적인 원리를 이미 충분히 알고 있다고 볼 수 있으며, 만일 실패하더라도 어떤 부분을 모르는지 더 명확해진다. 이러한 방식은 일종의 '역공학reverse engineering'으로, 그동안 우리가 쌓아온 지식이 어느 정도 수준에 이르렀는지 일종의 시험을 보는 것과 같다. 처음부터 만들어 본다니 아주 어려운 일 같지만, 사실은 그렇지 않다. 〈동키콩〉 실험의 결론은, 아이러니하게도 우리에게는 아타리 칩을 만들 능력은 있지만 만들어진 아타리 칩을 해석할 능력은 미진하다는 것이 아니었는가. 후발 기업에서는 아타리 칩을 보고 역공학 방법으로 그 칩을 생산해 내기도 한다. 우리는 이미 누구나 하나씩 뇌를 가지고 있으니, 비슷하게 만드는 것은 가능하지 않겠는가? 뇌를 만드는 기본적인 과정에 성공하게 되면, 이를 미묘하게 조정하면서 새로이 창발되는 기능을 파악하여 훨씬 더 깊이 뇌 기능에 대한 이해를 얻을 수 있다. 자연과 세계를 이해하는 데에는 그 한계가 없기 때문에, 뇌 기능을 파악하려는 노력에도 끝이 없다. 우리의 이해가 깊어지면 그에 따라 무지한 부분이 더 크게 드러나는 일의 무한 반복이다. 따라서 우리가 뇌 기능을 이해했다고 선언하려면, 그 기능을 수행하는 시스템을 만들 수 있어야 한다는 목표를 설정하는 것은 학문적으로나 실용적으로나 매우 중요하다.

이러한 생각에 근거한 새로운 생물학적 연구 방식이 미니 장기 기술에 숨어 있다. 미니 장기 기술은 세포라는 재료를 이용해서 조직이나 장기, 심지어는 전체 개체를 시험관에서 만들어 내는 기술이다. 좀 더 나아가서 아예 유전물질인 DNA부터 인공적으로 합성해서 생명체를 만들고자 하는 '합성생물학'이라는 분야도 크게 성장하고 있다. 뇌의 신비가 아니라 생명의 신비를 알아내기 위한 노력이다. 이미 인류가 미니뇌를 시험관에서 만들어낼 수 있다는 것 자체가, 사실 우리가 이미 뇌에 대해서 많이 알고 있다는 사실을 방증한다.

나는 뇌를 만들고 싶다

왜 과학자는 미니뇌를 만들고 싶어할까

지금껏 뇌를 만들어야 하는 과학적 이유를 설명했다면, 이제는 과학자들이 왜 뇌를 만들고 싶어하는지 감정적인 측면에서 생각해보면 좋겠다. 뇌과학자들이 알아낸 바에 의하면 의사 결정을 하는 과정은 별로 이성적이지 않다. 오히려 감정적으로 호불호를 결정하고, 이후 자신의 결정에 대하여 이성과 논리의 힘을 빌려서 여러 가지 설명을 가하는 방식으로 작동한다. 그러므로 과학자가 뇌를 연구하고 미니뇌를 만들어보고 싶어하는 감정을 갖게 되는 맥락을 들여다보는 것 또한 가치가 있겠다 싶다. 감정 중에는 선험적인 감정도 있고 학습에 의해서 유발되는 획득 감정도 있다. 선험적인 감정이란, 딱히 경험하지 않아도 이미 본능적으로 싫어하는 것들이 있다는 것인데, 특정 화학적 신호에 의해서 뇌의 부정적 감정을 일으키는 경로가 직접적으로 자극되기 때문이다. 반면 학습에 의한 획득 감정은 특정 경험이 부정적 또는 긍정적인 보상과 연결되어 일어나는 경우가 많다. '파블로프의 개' 같은 조건반사 반응을 생각해 보면 이해하기 쉬울 것이다. 사실 선험적 감정과 획득 감정을 구분하기는 쉬운 일이 아닌데, 우리가 말하는 경험이라는 것이 우리가 미처 인지하기도 전인 태아 시절에 일어났을 수도 있기 때문이다. 예를 들어 태아는 대략 임신 10~15주가 되면 냄새와 맛을 느낄 수 있고, 5개월쯤 되면 청각도 완성된다(양수 속에 있기 때문에 태어난 후와는 상당히 다른 감각을 느낄 테지만). 그렇기 때문에 임신 중 태아 시절부터 다양한 경험을 갖게 되고, 이러한 경험은 학습이기 때문에, 신생아가 이미 특정한 자극에 대한 선호도를 가지고 있다 해도, 선험적으로(즉 경험 없이) 가지고 태어난 반응인지 여부를 알 수 없다. 그럼에도 불구하고 모든 감정적 요소가 경험을 통해서만 만들어진다고 생각할 수는 없는데, 학자들 간에 이견이 있기는 해도 대체로 생존에 필수적인 감정 반응은 경험 없이도 획득할 수 있다고 한다. 예를 들어 쓴맛을 싫어하는 것은 원초적인 반응으로 생존에 위협이 될 만한 독이 들어 있는 음식물을 회피할 수 있다. 그러나 독성이 없음이 확인된 음식에 대해서는 여러 번의 반복 학습에 의하여 그 깊은 맛을 음미할 수 있게 되는 것이다. 그렇기에 단맛은 아이 입맛, 쓴맛 등 보다 풍부한 맛은 어른 입맛이 된다.

사람의 학습 능력이 다른 동물에 비하여 아주 뛰어나다는 말은, 우리에게 주어지는 생물학적 자극을 얼마든지 부정적인 것에서 긍정적인 것으로 바꾸어낼 수 있다는 의미이다. 게다가 학습을 할 수 있으면 개인의 경험이 집단화될 수 있

나는 뇌를 만들고 싶다

고, 이 경험이 역사를 통하여 확장될 수 있다는 의미이다. 이렇게 볼 때 인류 전체의 학습량과 정보에 따라 우리의 감각도 학습할 수 있고 어떠한 사물에 대한 감정적 반응 역시 변화한다. 그런 의미에서 뇌과학자들이 뇌를 깊은 호기심으로 살펴보는 것은 오랫동안 인류가 뇌에 대하여 서서히 쌓아온 지식에서 비롯된 획득 감정이다. 역사적인 맥락에서 볼 때 과거에 인류는 뇌를 부정적인 이미지로 인식하였을 것으로 추론하지만, 지금 우리는 뇌를 부정적이기보다는 신비롭게 느낀다. 뇌가 심장이 가졌던 지위를 되찾게 된 것은 데카르트 시대, 즉 대략 400년 전의 일이니, 장구한 인류 진화의 자연사에 비교하면 극히 짧은 기간일 뿐이다. 이 기간 동안 인류는 뇌에 대하여 많은 것을 알아내었으며, 마음(영혼)을 신비로운 것에서 과학의 대상으로 객관화하는 데 성공하였다. 과학자들의 눈에는 뇌만큼 아름다운 대상도 없다. 아름다운 대상을 동경하고, 알고 싶고, 가능하다면 만들어 보고 싶은 욕구를 느끼는 것은 예술가들의 창조 욕구와도 비슷하다. 미니뇌를 만들면 어떤 효용성이 있는지 많은 과학자들이 논문과 책을 통해서 설명하고 있지만, 이렇게 이성에 호소하는 실용적인 이유에 앞서, 뇌에 대한 경외심과 뇌를 내 손으로 직접 만들어보고 싶다는 순수한 욕망이 저 밑바닥에 깔려 있다. 이런 욕망은 오랫동안 뇌 연구를 해온 선배 과학자들이 길러준 호기심의 획득 형질이다.

무엇이 미니뇌인가

지금까지 미니뇌를 만드는 것이 뇌 기능을 이해하는 데 어떤 기여를 할 것인지, 뇌과학자들은 도대체 왜 뇌를 만들고 싶어 하는지, 역사적 맥락과 개인적 감정 측면에서 이야기하였다. 이제 마지막으로, 어떤 특성을 가져야 이것을 미니뇌라고 부를 수 있는지 정리해 볼까 한다. 간단히 정의하자면 '부분적으로나마 뇌와 모양이 비슷하며 신경 신호를 만들어 낼 수 있는 3차원 배양체'라고 하는 게 어떨까 싶다.

과학자들이 알아낸 바로는, 뇌는 한 덩어리라기보다는 여러 기능을 담당하는 요소 부위들이 한데 뭉쳐져 있는 복합체이며, 특정 뇌 기능을 담당하는 영역들이 구획화되어 있다는 중요한 특징이 있다. 그렇다고 레고 블록처럼 각기 완전히 독립적인 기능을 하는 뇌 영역들이 모자이크처럼 붙어 있는 것은 아니어서, 특정 뇌 기능을 수행하기 위해서는 여러 뇌 부위가 관여하게 된다. 뇌의 구역화는 인간이 진화 과정 중 어떤 감각이나 정보를 중시하게 되었는지를 알려주는 표식이기도 하다. 뇌의 진화상 궤적을 살펴보면, 동물에 따라 특화되어 발달한 기능이 있다면, 그 기능에 관여하는 뇌 부위가 커져 있다. 복잡한 기능을 수행하려면, 그 조절에 관여하는 뇌세포의 숫자도 많아야 한다고 생각하면 이해가 간다.

현재의 미니뇌 기술로는 사람의 뇌 각 요소 부위를 모두 갖추고 있는 전체를 만들지 못한다. 그래서 사람의 뇌 전체를 대변하지는 못하더라도, 뇌 일부분과 비슷한 모양과 특성을 가진 3차원 세포 덩어리를 만들어 낸다면 일단은 미니뇌의 1차 자격은 획득한 것으로 본다. 미니뇌 연구에서는 모양을 중시하는 경우가 많은데, 그 이유는 뇌의 각 부분은 각자의 존재감을 드러내는 모양을 갖고 있기 때문이다. 대뇌반구의 대뇌피질은 가운데 빈 공간(뇌실)이 있는 둥그런 공 모양이고 자세히 살펴보면 뇌세포들의 독특한 배열 상태 때문에 여섯 개의 층이 보인다. 소뇌에는 주름이 많이 있고, 소뇌의 표면과 안쪽에 있는 세포의 모양과 밀도가 완전히 달라서 쉽게 구분 가능하다. 척수는 막대기처럼 긴 모양이며, 그 안에도 역시 작은 공간이 있다. 미니뇌를 정의함에 있어 이같은 모양을 중시하는 이유는, 이러한 형태적 구조화가 기능적으로 필요할 때가 많다는 점, 그리고 형태적 특징이 생겨나는 이유가 뇌가 생겨나는 과정상의 특징 때문이라서 이런 형태적 특성이 없다면 실제 뇌조직과 얼마나 같은지를 파악하기 어렵기 때문이기도 하다. 똑같이 기능하는 눈이 있더라도 그 눈이 입 아래쪽에 달려 있다면, 사람이 아니라 괴물이라고 느끼지 않겠는가. 요즘에 '관상은 과학'이라는 말이 은근히 많이 쓰이던데, 이 말에 전적으로 동의하긴 어렵지만 겉으로 보이는 모양이 내면적 실체에 대한 통념을 불러일으키는 것만큼은 사실이다. 그러니 뇌 모양과 비슷하지 않으면 미니뇌라 말하기 어렵다. 같은 맥락에서, 신경세포구neurosphere와 비교해 볼 필요가 있다. 신경세포구는 뇌를 구성하는 다양한 종류의 세포들이 만들어낸 덩어리이다. 비유하자면 뇌를 개별 세포로 나눈 뒤 섞어서 다시 뭉친 것 같은 상태이다. 레고 블록을 부수고 나서 무작위로 뭉친 뒤에 접착제로 붙여놓은 상태 비슷하긴 하지만, 이렇게 하더라도 세포들이 그 종류에 따라 뭉치고 밀쳐내는 반응을 약간 하기 때문에 약간 불균질한 세포들의 배열 상태를 관찰할 수 있다. 그러나 이러한 배열 상태는 실제 뇌에서 보이는 것과는 많이 다르고 복잡도 면에서 확실한 질적 차이가 있기 때문에, 배열 구조가 단순하면 신경세포구로, 뇌 조직과 비슷하게 고도화된 배열 구조가 있으면 미니뇌로 말하는 것이 일반적이다.

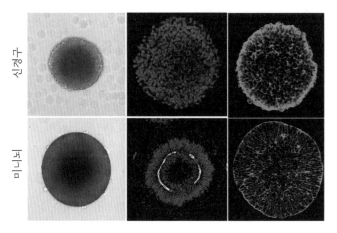

그림1-2 신경(세포)구와 미니뇌. 둘 다 비슷하게 신경세포들로
이루어져 있긴 하지만, 세포 배열 상태의 구조에 차이가 있다.
출처: 고려대학교 의과대학 이주현 박사 제공

미니뇌는 뇌와 비슷한 형태적 특성을 보일 뿐만 아니라,
신경 신호를 낼 수 있어야 한다고 했는데, 모양이 아무리 뇌
와 비슷하더라도 뇌 본연의 기능을 해야 비로소 미니뇌라고
정의할 수 있다. 앞에서 뇌의 정의를 살펴보면서 이런저런 설
명을 했는데, 각 뇌 부분은 뇌가 기능하는 데 필요한 외부(몸
또는 다른 뇌 부위)로부터 들어오는 정보를 받아들이기도 하
지만, 자체적으로 신경신호를 만들어내기도 하여 이들 정보
를 연합, 새로운 정보로 가공한 뒤에 외부(몸 또는 다른 뇌 부

위)로 전달해 주는 역할을 한다. 미니뇌는 몸과 연결되어 있지 않고, 뇌 전체를 포괄하고 있지도 않으니 우리가 가장 먼저 떠올리는 뇌의 기능(생각하기, 느끼기, 판단하기, 기억하기, ...)을 미니뇌에서 기대할 수는 없다. 그러나 미니뇌가 신경신호를 만들어낼 수 있는지, 이 신경신호는 외부 자극에 반응하여 변화하는지는 판단 가능하기 때문에, 이러한 최소한의 기능적 측면을 충족해야 미니뇌라고 부를 수 있다. 미니뇌에서 만들어 내는 신경신호가 다른 뇌 부위나 몸을 제어할 수 있을지는 다양한 실험을 통해 상당량의 근거가 모여 있다. 사실 AI 기술이나 전자회로를 이용해서 외부 자극을 받고 조절할 수 있는 인공물을 만드는 공학기술은 이미 매우 높은 수준으로 발전되어 있다. 그러므로 뇌의 신경신호 발화라는 기능적 측면만을 놓고 본다면 인공지능 등도 미니뇌의 유사품들이다. 하지만 AI나 전자회로와 같은 방식을 이용한 인공물들은, 실제 뇌와는 작동하는 방식이 상당히 다르므로 당연히 미니뇌가 아니다. 다만 매우 다른 각도에서 뇌를 이해하고 활용하는 데 도움을 줄 것이다. 예를 들어 사람 뇌와 비슷하게 작동하는 AI를 만들어 낸다면, 만드는 과정에 적용한 논리 중 적어도 일부는 뇌가 작동하는 논리와 비슷하다고 볼 수 있다. 비슷한 관점에서, 시뮬레이션 방법을 이용해서 뇌의 계산 방

나는 뇌를 만들고 싶다

식을 알아보고자 하는 연구도 진행되고 있다. 미니뇌와는 다른 방식이지만, 이러한 연구로 얻는 결과물 역시 매우 흥미로우며, 이런 공학적 연구로 얻은 흥미로운 가설을 반영하여 생물학적 방식에 도입, 미니뇌를 만들어 보면서 뇌에 대한 이해를 더 높일 수도 있다.

정리해 보면, 미니뇌는 뇌와 비슷한 구조와 기능을 가지고 있어야 하므로 단순한 구조를 가진 신경세포구와는 구분되며, 기능적 유사성이 있는 인공지능 같은 방식과도 완전히 다르다. 다만 이러한 미니뇌 유사품들은 미니뇌 기술에 영감을 주기도 하고 서로 상호작용하면서 뇌 연구를 풍부하게 하고 있다.

Inventing is a combination of brains and materials.
The more brains you use, the less material you need.

Charles Kettering

CHAPTER 2

뇌를 만드는 재료

"발명은 뇌와 재료의 결합이다. 뇌를 더 많이 쓸수록 재료가 덜 든다."라고 말한 찰스 캐터링은 20세기 초반에 왕성하게 활동한 미국의 유명한 발명가이자 사업가이다. 그는 뇌를 많이 쓰면 재료가 덜 든다고 했지만, 미니뇌를 만드는 과정은 약간 예외로 봐주자. 재료를 많이 써야 뇌를 많이 만들 수 있으니까. 미니뇌를 만들기 위해서는 다양한 재료가 필요하다. 2장에서는 뇌가 어떤 세포들로 구성되어 있는지 먼저 살펴보고, 미니뇌는 어떤 재료로 만들게 되는지 설명하고자 한다. 뇌가 어떻게 구성되어 있는지 살펴보는 일은 약간 지루한 일이기도 한데, 맘 먹고 천천히 따라오시길 바란다. 여하간 뇌를 많이 쓰면 재료가 덜 든다지 않는가.

뉴런

뇌가 다른 장기들과 다른 특성을 나타내게 하는, 가장 핵심적인 세포가 바로 뉴런이다. 뉴런은 전기적 신호를 만들어 서로 의사소통한다는 것이 가장 중요한 특징인데, '전기적 신호'라고 하니 공학적인 느낌도 들고 복잡할 거 같다는 생각이 들 수 있다. 그러나 약간의 화학적 지식과 생물학적 원리를 알고 나면, 뉴런이 전기적 신호를 만드는 방법은 허탈할 정도로 간단하다. 염분은 물에 녹으면 이온화되어 전기적 성질을 띠게 된다. 우리 몸의 체액에도 많은 염분이 있기 때문에, 많은 이온이 있다. 이 중에서 (+) 또는 (-) 전하를 띤 특정 이온만 선택적으로 세포(뉴런) 속으로 들어오면, 전하의 이동, 즉 전류가 발생하게 된다. 세포막은 주로 인지질phospholipids이라는 지방 성분으로 되어 있기 때문에 물에 녹아 있는 이온이 쉽게 통과할 수 없다. 그러므로 이온의 이동은 세포막의 기름 성분을 통과해 이동하지 못하고, 세포막에 분포하고 있는 단백질에 난 통로로만 들어올 수 있다. 따라서 이온을 통과시킬 수 있는 능력을 가진 세포막 단백질을 가진 뉴런은 전류를 만들 수 있고 이를 정보 교환에 이용할 수 있다. 이온을 통과시킬 수 있는 단백질은 한 가지만 있는 것이 아니라, 어떤 이온을 통과시킬 수 있는지, 어떤 경우에 통과시키는지 등에 따라서 그 종류가 매우 다양하다. 이 중 뉴런이 가진 대표적인 이온 통과 단백질은 '전압 의존성 나트륨 통로voltage-sensitive sodium channel'라는 복잡한 이름을 가지고 있다. 만일 외부 자극에 의해 뉴런의 어딘가에서 이 단백질이 가진 이온 통로가 열리게 되면, 큰 전류의 흐름이 생긴다. 이를 활성전압action potential이라고 부르는데, 이 활성전압은 뉴런이 가진 가는 전선처럼 길게 뻗어나온 신경다발인 액손axon을 타고 퍼져나간다. 이러한 변화는 뇌의 한쪽 부분에서 시작된 신호를 먼 거리(어떤 뉴런은 수 미터에 이르는 먼 거리를 연결하고 있어서, 이 거리만큼 정보를 전달해야 한다)에 이동시킬 수 있다. 이 과정이 얼마나 중요한지 가늠할 수 있는 한 가지는 바로 복어독이다.

복어독 속에 들어 있는 테트로도톡신Tetrodotoxin은 전압 의존성 나트륨 통로 단백질을 통한 이온 이동을 막아버려서 활성전압이 일어나지 못하게 하는데, 극미량으로도 전신마비를 일으켜 죽음에 이를 정도로 강력하다.

신경계가 전기적인 방식으로 신호를 전달한다는 것은, 생체에 전류가 흐른다는 개념을 최초로 밝힌 이래 차근차근 밝혀진 사실이다. 이 사실이 처음 대중들에게 알려진 시점으로 돌아가서 상상해 보면, 지금보다도 훨씬 충격이 컸을 것 같다. 사람의 마음이 전기를 통해 전달되는 신호라니!『프랑켄슈타인』과 같은 대중적인 작품에서 전기를 넣어 죽은 사람을 살아 움직이게 한다는 설정은, 당시로서는 매우 과학적인 상상력에 기반한 것이었다. 지금도 그렇지만 많은 사람들이 영혼의 존재를 믿고 있었고, 그런 믿음 저변에는 우리가 '마음'이라고 개념화해 놓은 현상이 죽은 후에도 소멸하지 않고 존재할 것이라는 기대감이 깔려 있었다. 과학은 사실을 밝히는 일이며, 사실을 해석하여 의미를 부여하는 것은 조금 다른 문제이다. 신경계가 전기 신호로 움직인다는 사실은, 영혼이 없다고 믿는 사람의 입장에서 보면 우리가 마음이라 여기는 현상도 실제로는 물리적 법칙을 따르는 것에 지나지 않는다는 증거이다. 하지만 영혼이 존재한다고 믿는 사람들은, 인간의 육신을 떠나서도 '전기적' 형태로 영혼이 존재할 수 있으므로 영혼의 존재가 비로소 밝혀졌다고 생각할 수도 있다. 그야말로 과학적 사실은 사실일 뿐, 그 사실을 모아 큰 그림을 그리는 것은 또 다른 영역의 일이다. 좋은 과학자는 사실을 발견할 뿐만 아니라 큰 그림을 그릴 수도 있다. 움직일 수 없는 사실들을 다루는 과학계에서도 늘 논쟁과 격론이 오가는 것은 바로 이런 이유 때문이다. 결국 과학은 태도의 문제이고, 논쟁을 통해 증거를 찾고 계속해서 더 좋은 설명을 만들어 가는 것이 본질적인 특징이다.

알 듯 말 듯한 정보들이 쌓이긴 했는데, 이를 종합적으로 해석해 설명할 수 있는 큰 그림이 마땅치 않을 때에, 과학적 논쟁은 커지기 마련이다. 짧은 신경과학의 역사에서 가장 유명한 사건 중 하나는 골지Camillo Golgi, 1843~1926와 카할Santiago Ramon y Cajal, 1852~1934이 1906년에 노벨상을 공동 수상하면서 시상식장에서까지 벌였던 논쟁이다. 앞서 보았던 것처럼 뉴런이 전기신호를 전달하려면 전선과 같이 길게 세포질이 늘어나 액손을 만들게 되는데, 액손이 만든 신경다발은 너무 복잡하다. 19세기쯤, 당대 최고의 해부학자들이 당시 최고 성능의 현미경으로 연약한 신경조직을 검사하여, 신경세포로부터 돌출된 다발이 엉켜 있음을 발견하였다. 이

나는 뇌를 만들고 싶다

전에 과학자들이 관찰한 몸의 다른 부분에 있는 세포들과는 너무나 다른 모양이었기 때문에, 가는 실처럼 생긴 것들이 엉켜 있는 모양을 보고 세포의 일부라고 생각하기는 어려웠을 것이다. 이것들은 서로 연결되어 거미줄 같은 네트워크를 만들고 있는 것처럼 보였고, 신경계가 정보를 전달하는 것은 이 거미줄 같이 가는 네트워크 안으로 이온이나 어떤 물질들이 직접 이동하는 방식으로 이루어진다고 생각되었다. 1873년에, 이탈리아의 의사였던 카밀로 골지*는 뇌조직을 화학약품으로 단단하게 한 뒤 질산은 용액에 담그면 신경조직을 이전보다 훨씬 더 자세히 검사할 수 있다는 사실을 알게 되었다. 왜 이런 시도를 했는지는 잘 알려져 있지 않은데, 그 당시에 질산은 용액을 이용해서 사진을 인화하는 기술이 개발되었다는 시대적 배경을 감안하면, 요즘 말로 융합 기술을 개발한 셈이다. 신기하게도 이렇게 화학반응을 일으키면, 뇌조직 속에 있는 극히 일부의 세포들만 검게 변하는 일이 생겼고, 골지는 이 반응을 '검은 반응'이라 불렀다. 이는 질산은이 침착되는 반응이 우연히 일부 세포에서 시작되고, 일단 반응이 시

---

* 카밀로 골지는 세포 내에 있는 골지체라는 세포 내 소기관을 발견한 것으로도 유명하다. 골지체의 발견 역시 이 세포 내 소기관이 산화은 반응에 민감한 것에 착안해서 이룬 것이다.

작된 세포 전체를 까맣게 만들기 때문에 일어난 일이었다. 하지만 최초의 침착 반응이 시작되지 않은 세포는 전혀 염색되지 않고 그대로 남아 있게 된다.

만일 뇌 속 뉴런이 모두 염색되어 버리면 너무 복잡해서 각각의 뉴런이 어떻게 생겼는지 도무지 알 수가 없다. 상상이 안 된다면, 바로 컴퓨터나 스마트폰을 켜고 구글에서 '흔한 서버실'이라는 검색어를 넣어 보자. 다시 말하지만 서버실의 전선 연결보다도 뇌의 연결성은 수억 배 더 복잡하다. 다행히 골지는 극소수의 세포에서만 반응을 일으키는 조건을 찾을 수 있었고, 이 방법으로 신경조직 속에 있는 뉴런이 아주 긴

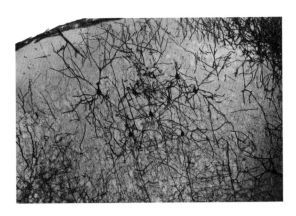

그림2-1 흰쥐 대뇌의 골지염색 사진 출처: 고려대학교 의과대학 유임주 교수 제공

나는 뇌를 만들고 싶다

돌출부(액손)를 가지고 있고, 이 액손이 모여서 신경섬유다발을 만든다는 사실을 알게 되었다. 뿐만 아니라 세포에서 액손보다 굵고 짧은 돌출 부위들도 복잡하게 나와 있으며, 이들은 나뭇가지가 어지러이 자라난 모양(수상돌기)이라는 것도 처음으로 알게 되었다.

그로부터 14년 후인 1887년, 이 이야기의 또 다른 영웅인 스페인의 걸출한 신경해부학자, 산티아고 라몬 이 카할은 골지의 '검은 반응'을 더욱 향상시켰다. 이 기술을 다양한 동물의 신경조직에 적용한 뒤 현미경으로 세밀하게 관찰하여 아름답고 상세한 스케치를 남겼다. 그는 골지보다 열 살 정도 어렸으며, 당시 과학의 중심지였던 독일-이탈리아에서 활약하던 골지와는 달리 과학의 변방이었던 스페인 태생이었다. 그래서 카할은 과학의 중심부에서 어떤 일이 벌어지고 있는지 잘 모르는 '아웃사이더'였던 셈이다. 카할은 이미 골지가 10여년 전에 관찰한 연구 결과들과 비슷한 내용을 발표하면서, "골지의 '검은 반응'을 획기적으로 개선해서 더 잘 관찰했다"고 주장했으니, 이를 알게 된 골지 입장에서는 참 가소롭다는 느낌을 받았을 것 같다. 참 다른 배경을 가졌던, 두 걸출한 과학자는 비슷한 방법으로 비슷한 관찰을 하고서도 정반대의 해석을 내놓는다. 사실, 아주 좋은 현미경만 있었어도 좀 더 정교한 관찰과 해석이 가능했겠지만, 당시의 기술적 한계로 흐릿하게 보이는 현미경 관찰 이후 일종의 '파검 드레스'* 논란이 난 것이다. 골지는 전통적인 학계의 중심부에 있던 인물이었기 때문인지, 기존의 가설대로 뉴런의 신경다발들이 서로 융합되어 하나의 그물과 같은 구조가 된다고 주장했다. 반대로 아웃사이더였던 카할은 각각의 뉴런이 따로따로 염색되는 것으로 보아 뉴런에서 나온 액손들이 융합되는 것이 아니고 적어도 좁은 간격을 두고 떨어져 있다고 보았다. 카할의 가설은 당시 학계에서 유명인이었던 독일의 해부학자 빌헬름 폰 발다이어 하르츠Wilhelm von Waldeyer-Hartz 등의 강력한 지지를 받게 되었고, '뉴런주의neuron doctrine'라는 이름을 얻었다. 이 둘의 논쟁에서 뉴런주의를 지지하는 과학자수가 점점 더 늘어났지만, 1906년 골지와 카할이 노벨상을 동시 수상하는 시상식 자리에서조차 골지가 왜 뉴런주의가 틀렸는지 주장하는 연설을 했다는 일화는 아주 유명하다. 뉴런주의가 옳다는 직접적인 증거는 1950년대에 전자현미경이 개발되고서야 명확해졌다. 실제 뉴런들이 서로 완전히 융

---

* '파검 드레스' 이야기를 들어보지 못했다면, 위키피디아에서 'The dress' 항목을 찾아보기 바란다. https://en.wikipedia.org/wiki/The_dress

나는 뇌를 만들고 싶다

합되어 버리는 것이 아니라, 수십 나노미터 정도의 간격을 띄고 바짝 붙어 있다는 사실을 명확하게 볼 수 있게 된 것이다. 이 간격을 시냅스라고 부르는데, 광학현미경으로는 도저히 볼 수 없는 작은 크기이다. 골지와 카할의 시대에는 제한적인 관찰 결과와 본인의 신념, 그리고 개인적인 선호도까지 뒤섞여서 각자 자기 이론을 만들고 주장하였던 것이다. 이같은 논쟁 과정이 바로 과학이다. 아마 지금 우리가 알고 있는 뇌에 대한 많은 증거와 이론도 더 좋은 기술과 관찰 결과가 나오면 새로운 설명으로 바뀌어 나갈 것이다.

실제 뉴런이 서로 직접 연결되어 있지도 않은데, 어떻게 전기적 신호를 다른 뉴런에게 보내는지에 대해서는 좀 더 설명이 필요하다. 사실 전기적으로 뉴런이 신호를 전달하는 데 세포끼리 서로 붙어 있지 않다면 끊어진 전선 같은 게 아닐까? 이 문제를 해결하려면 시냅스를 좀 더 자세히 들여다볼 필요가 있다. 앞서 설명한 것처럼 뉴런은 세포막의 이온 통과 정도를 바꾸어 전류가 흐르게 하는 방식으로 전기 신호를 만들고 전달한다. 그러므로 작은 간격이 있더라도, 그 간격 사이에서 이온의 흐름(전류)을 만들 수 있으면 그만이다. 뉴런이 액손을 따라 전류가 흐르게 하려면 '전압 의존성 나트륨 통로' 단백질이 있어야 한다고 했는데, 뉴런과 뉴런 사이, 시냅스를 넘어 전류를 넘기려면 다른 단백질이 필요하다. 시냅스를 사이에 두고 전류가 오는 방향에 있는 뉴런을 전시냅스 뉴런, 신호를 받아야 하는 뉴런을 후시냅스 뉴런이라고 한다. 전시냅스 뉴런에서는 전기적 신호가 오면 '신경전달물질'이라는 화학물질을 방출하며, 후시냅스 뉴런에는 이 물질과 결합하면 이온을 통과시키는 단백질이 있다. 이렇게 하면 '전기적 신호 → 화학물질 방출 → 전기적 신호 발생'이라는 과정

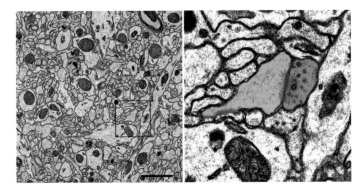

그림2-2 전자현미경으로 촬영한 뇌 사진. 왼쪽 그림 오른쪽 아래의 막대 표시가 1마이크로미터 길이이다. 왼쪽 그림의 박스 속에 들어 있는 부분을 확대하면 오른쪽 그림처럼 보이는데, 초록색을 덧입힌 것이 후시냅스, 빨간색 부분이 전시냅스로, 서로 다른 두 개의 뉴런이 랑데부하는 곳이다. 박스 표시한 곳 말고도 시냅스는 많이 있으니 숨은그림찾기 하는 마음으로 더 찾아보아도 좋겠다. 출처: 한국뇌연구원(KBRI) 문지영 박사 연구팀 제공

나는 뇌를 만들고 싶다

을 거쳐 후시냅스 뉴런으로 정보가 이어달리기를 할 수 있다. 사실 이런 방법은 매우 복잡해서 수백 개 이상의 단백질이 이 과정에 관여하고 있으며, '시냅스 생물학'이라는 연구 분야가 확립될 만큼 방대한 정보가 쌓여가고 있다. 이 시냅스 기능에 조금만 이상이 생겨도 각종 뇌질환이 생기니 자세히 연구할 만한 가치가 있다. 한편으로 보면, 왜 이렇게 복잡하게 신경 신호를 전달해야 하는 것인지 궁금하다. 그냥 거미줄 네트워크 이론처럼 간단하게 뉴런들이 직접 연결되어 전류가 이어 지게 하는 편이 더 간단하고 편하지 않을까? 이러한 질문에 대답하기 위해서는 보다 많은 연구와 고찰이 필요하다. 다만 이런 화학적 방식의 시냅스를 갖게 되어서 신경계의 신호 전달이 보다 정교해질 수 있었다는 점만은 움직일 수 없는 사실이다.

전기적 신호를 직접 이용하는 경우에는 신호가 오는 경우와 오지 않는 경우, 이렇게 두 가지로 구분되는 이진법적 경우의 수밖에 없기 때문에, 직접 연결된 모든 뉴런 집단이 자극의 존재 유무에 따라서 한꺼번에 반응하게 된다.* 그러므로 여러 가지 뇌 기능을 담당하는 신경망을 만들려면 각 신

---

* 사실, 이렇게 하는 편이 더 유리한 경우엔 이같은 방식을 사용하기도 한다. 이를 전기적 시냅스라고 부르는데, 사람도 심장 박동 조절처럼 심근이 한 꺼번에 수축하게 하는 신경다발은 이런 방식을 사용한다.

경망이 모두 따로 있어야 한다. 마치 지하철 1~9호선에 환승역도 없고, 중간역도 없는 상황과 같으니, 얼마나 비효율적이겠는가. 우리의 마음이 얼마나 복잡한지 생각해 보면, 아마 이런 방식으로는 정교한 뇌 활동을 일으키기엔 무리가 있을 것이다. 따라서 수천수만 개의 신경망을 더 만드는 것보다는 수백 개의 특화된 시냅스 단백질들을 가지고 있어 독립적인 뉴런이 같은 자극에 대하여 경우에 따라 다양한 반응을 만들어 내는 것이 훨씬 유리하다. 시냅스에서 전기적 신호를 화학적 신호로 바꾸면서 어떤 신경전달물질을 내느냐에 따라 후 시냅스를 자극할 수도 있고, 억제할 수도 있게 되면, 신호 전달의 다양성이 생기게 되어, 같은 뉴런이 다른 방식으로 여러 가지 뇌 기능에 관여할 수 있게 된다. 이렇게 보면 시냅스 사이의 10~20나노미터는 결코 가깝지 않은 거리이고, 장구한 자연사에서 마음을 만들어낼 수 있게 된 거대한 점프였다.

수십조 개의 시냅스 중 다만 몇 개의 시냅스에 존재하는 단백질의 활성이 바뀌어서 자극에 대한 반응성이 바뀌는 게 어떻게 뇌 기능에 구체적으로 영향을 미치는지에 대한 설명이 부족하다고 느낄 수 있다. 뇌 연구는 아주 작은 미시적 세계에서 거시적인 관찰까지를 넘나들면서 해석해야 하기 때문에 간단하지 않다.

나는 뇌를 만들고 싶다

교세포

뇌는 뉴런으로만 이루어진 것이 아니다. 사람의 뇌에는 대략 860억 개 정도의 뉴런이 있다고 하는데, 얼추 비슷한 숫자만큼 뉴런이 아닌 다른 종류의 세포들이 있다. 이 중 가장 많은 숫자를 차지하는 세포가 교세포이다. 교세포는 '풀glue'이 되는 세포라는 의미로 붙여진 이름이니까, 처음에 이 세포를 발견한 연구자들은 뇌에서 뉴런을 서로 붙여주는 역할을 하는 세포라는 정도로 생각했던 것 같다. 교세포의 존재는 1800년대 중반에 처음 알려졌는데, 뉴런처럼 복잡하게 생기지 않았기 때문에 발견 자체는 더 쉬웠다. 뉴런을 발견했던 카밀로 골지가 '검은 염색'을 한 뒤에 별 모양으로 생긴 세포, 가지가 좀 있는 작은 세포 등을 정확하게 볼 수 있었고, 이들 세포에 별모양세포astrocytes(별아교세포)와 희소돌기아교세포oligodendrocytes라고 각각 이름을 붙였다. 교세포는 뉴런에 비해 상대적으로 주목받지 못했던 것이 사실이다.

뉴런이 신경계의 정보를 직접 전달하는 일차적인 역할을 하기 때문에, 교세포들은 뇌 기능에 대해 아무래도 부차적인 기능을 할 것이라 생각되었다. 사실 뇌 기능을 연구하기 위한 과학적 방법론 대부분이 뉴런에 맞추어 발달하여 왔으므로, 뉴런의 전기적 특성을 바탕으로 해서 전류를 잰다거나, 전류를 조절하는 방법이 많이 개발되었다. 적절한 기술이 부족하면 '아는 것을 더 자세히 알려고 하는' 방식으로 연구가 진행되기 마련이다. 그러나 교세포는 뉴런과 비슷한 숫자인 데다가, 태어난 후에도 계속 생겨나고 그 특성이 변화하는 세포들이므로, 생각되었던 것보다 훨씬 더 중요하게 뇌 기능에 기여한다는 사실이 점점 더 밝혀지고 있다. 교세포가 어떻게 작용해서 뇌 기능에 중요한지 이해하려면 좀 복잡한 설명들이 필요하긴 한데, 몇 가지 흥미로운 실험 결과로 교세포가 얼마나 중요한지 가늠해 볼 수 있다. 사람의 별아교세포는 생쥐보다 더 크고 복잡하게 생겨서, 사람의 뇌가 특별한 이유를 이것으로 설명할 수 있지 않을까 하는 상상을 불러일으켰다. 사람의 줄기세포를 생쥐의 뇌로 이식해서 조건을 잘 맞추면, 사람의 별아교세포를 가진 생쥐를 만들 수 있다. 생쥐가 사람의 마음을 가지게 되었는지는 파악하기 어렵지만, 적어도 이 생쥐는 좀 더 효율적으로 뉴런의 정보 전달을 할 수 있었고, 더 빨리 학습을 할 수 있었다.[2] 이는 교세포의 기능이, 진화 과정에서 인간이 인간의 뇌를 가지게 되는 데에 중요한 기여를 했으리라 추론하게 하는 흥미로운 결과이다. 사실 별아교세포는 뉴런이 서로 시냅스로 연결되어 있을 때 그 주변

나는 뇌를 만들고 싶다

을 단단하게 감싸서, 뉴런에서 분비된 화학물질이 적재적소에서만 작동하도록 만드는 역할을 한다. 한 번 들어온 신호가 빨리 사라지지 않으면, 다음 신호가 들어올 때 간섭과 방해가 될 테니까 효과적으로 정보 처리를 하기 위해서는 이런 신호 제거 세포가 잘 발달해 있어야만 한다. 이런 측면에서 특히 별아교세포의 정상적 기능에 문제가 생기는 것이 다양한 뇌 질환과 긴밀히 연결되어 있을 가능성이 매우 높고, 이에 대한 많은 증거가 쌓여가고 있다. 전자 제품이 고장나는 것은 전선이 끊어졌기 때문일 수도 있지만, 전선의 피복이 벗겨지거나 납땜 부분이 헐거워져서일 수도 있지 않은가. 또한 사람의 별아교세포가 동물과 크게 다르다면, 사람의 뇌를 연구하기 위해서는 동물 모델이 아니라 사람의 뇌, 사람의 별아교세포를 연구해야 할 필요가 더 커진다. 미니뇌를 만들어야 하는 중요한 이유 중 하나이다.

교세포에는 별아교세포만 있는 것이 아니라, 앞서 본 것처럼 희소돌기아교세포도 있다. 별아교세포는 이름이라도 좀 낭만적인데, 희소돌기아교세포는 이름을 외우기조차 힘들다. 이 세포는 뉴런에서 나온 액손을 감싸는 역할을 하기 때문에, 여러 개의 짧은 돌기들이 나와 있어서, 희소돌기아교세포라고 부른다. 이 세포는 액손을 감싸는 데 특화되어 있는

데, 간단히 생각하면 전선의 피복 같은 역할을 하는 세포이다. 액손에 피복이 생기는 과정을 '수초화myelination'라고 부른다. 아무래도 액손이 먼 거리를 뻗어나가서 앞에서 설명한 방식대로 전류를 이동하게 하려면, 이온 이동이 너무 많아도 문제고, 잘 일어나지 않아도 문제가 생긴다.

교세포 연구자들이 즐겨 드는 예시 중 하나가 아인슈타인의 뇌에 관한 이야기이다. 인류 역사상 가장 유명한 천재인 아인슈타인의 뇌는 얼마나, 그리고 어떻게 특별한지에 대해서 많은 사람들이 경외심과 궁금함을 함께 가지고 있었을 것이다. 지금이라면 사람의 뇌 구조를 조심스럽게 들여다볼 수 있는 자기공명영상MRI, Magnetic Resonance Imaging(우리가 병원에서 진단할 때 쓰는 장비이다) 장치와 같은 장비가 있기 때문에, 사람 간의 차이를 쉽게 조사할 수 있다. 이 장치의 이론적 기반은 양자물리학 연구에 의해서 만들어졌고, 양자역학의 태동에 아인슈타인이 매우 주도적인 역할을 하였지만, 아인슈타인이 살았던 시대에는 아직 MRI가 존재하지 않았으니, 살아 있는 아인슈타인의 뇌를 분석하는 일은 당시에는 불가능하였다. 그래서 지금으로서는 상상하기 어려운 일이 벌어졌으니, 1955년 아인슈타인이 76세로 사망한 직후, 아인슈타인의 부검을 맡았던 프린스턴대학의 병리학자 토마스 하비

Thomas Harvey가 그의 뇌를 훔쳤다! 명백한 불법 행위였지만, 아인슈타인의 가족들이 '과학의 발전을 위해서'라는 그의 항변을 받아들여 나중에 뇌조직 연구에 동의해 주었고, 그로 인해 역사적으로 가장 유명한 천재의 뇌가 어떤 특성을 보이는지 조심스레 들여다볼 수 있었다. MRI가 있었다면 아인슈타인의 뇌가 어떻게 작동하는지 살아 있는 동안에도 알아볼 수 있었을 텐데, 당시에는 뇌의 자세한 모양이나 크기를 관찰하는 정도가 고작이긴 했다. 이후 아인슈타인의 뇌는 수백 조각으로 나뉘어져 세계 각국의 선택받은 연구자들에 의해 여러 가지 조사를 받게 되었다. 결론은 사실 생각보다 허무한데, 유의미한 큰 발견은 없었으나, 신경다발이 지나가는 부분에 남들보다 좀 더 큰 부분이 있다는 것을 알아냈다. 신경다발이 두꺼워진 이유는 액손이 많아서가 아니라, 액손을 감싸고 있는 희소아교돌기세포가 많아서였다. 희소아교돌기세포가 많으면 수초화가 잘 이루어져서 액손을 통한 전기적 신경신호의 이동이 좀 더 빨라지게 된다. 이게 작은 차이 같지만, 먼 거리로 신경신호가 이동하는 경우, 그 차이는 상당한 뇌 기능의 차이를 만들어 낸다. 뿐만 아니라, 비슷한 기능을 하는 뉴런의 액손들은 다발을 이루어 한꺼번에 이동하는데, 이 다발 속에 들어 있는 액손 여러 개를 한 개의 희소돌기아교세포가 잡아서 한꺼번에 수초화를 일으킨다(그러기 위해서 여러 개의 돌기가 나와 있는 셈이다). 그러므로 희소돌기아교세포가 많아지면, 액손들이 평균적으로 비슷한 정도로 수초화된다. 즉 신경신호의 이동 속도가 더욱 비슷해지는 것이다. 이는 강하고 정확한 자극이 동시에 전달되는 데 아주 중요한 문제이다. 몇몇 뇌질환에서는 수초화가 부분적으로 망가지는 현상이 일어나는데, 이렇게 되면 신경신호 전달의 동기화synchronization가 안 되기 때문에 심각한 문제를 일으킨다.

대부분의 뉴런은 태아 시절에 다 만들어지고, 태어난 이후에는 몇몇 예외를 제외하면 거의 새로 만들어지는 법이 없다. 이 이야기는 뒤에서 좀 더 자세히 다룰 생각인데, 뉴런과는 달리 교세포들은 그 개수와 종류가 생후에도 계속 늘어날 수 있다는 점이 중요하다. 사춘기 시절에 특히 수초화가 많이 늘어나고, 대략 40대까지는 조금씩 수초화가 증가된다. 이러한 변화가 나이가 들어가면서 자연적으로, 또는 경험에 따라서 뇌의 특성이 바뀌어가는 현상에 대한 생물학적 원리일 것이라고 생각하는 뇌과학자들이 많이 있다. 왜 중2병 시절에 감정 변화가 심하고 이전과는 다른 행동을 많이 보이는지, 어른이 되어가면서 어릴 때는 이해할 수 없었던 일들을 쉽게 이해할 수 있게 되는지, 왜 50대가 되면 꼰대력이 늘어나는지 등에 대해서는 물론 여러 가지 이유가 있겠지만, 일부는 이름도 어려운 희소돌기아교세포 때문일 수 있다.

교세포 중에는, 이미 보았던 별아교세포, 희소돌기아교세포 외에 미세아교세포microglia도 있다. 이 세포는 일종의 면역세포로, 뇌 속에서 면역계가 하는 일을 할 만한 세포는 미세아교세포밖에 없기 때문에, 뇌가 별일 없이 건강한 상태를 유지하는 데 매우 중요한 역할을 담당하고 있다.

정상적인 경우에도 불필요한 시냅스를 제거하는 등 뇌

정상상태   뇌손상 후

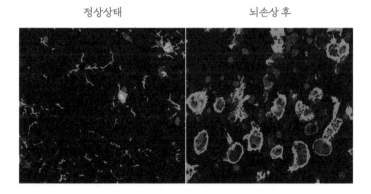

그림2-3 미세아교세포. 왼쪽은 보통의 생쥐 뇌에 있는 미세아교세포로, 많은 가지를 가지고 조금씩 움직이면서 문제가 없는지 순찰 중이다. 만일 뇌손상이 일어나면 아메바 같은 모양으로 커져서 활발하게 손상에 반응한다.
출처: 고려대학교 의과대학 해부학교실 제공

에 특화된 일을 하는데,* 만일 뇌손상이 생기거나 뇌질환과 같이 병적인 상태에서는 미세아교세포들의 크기도 커지고 숫자도 많아져서 다양한 손상 반응을 매개한다. 또한 뇌는 우리 몸에서 사용하는 약 30%의 에너지를 사용하고 있기 때문에, 혈관이 잘 발달되어 있어야 한다. 뇌에 있는 혈관은 다양한 물질을 분비해서 뇌 기능에 영향을 준다는 면에서도 중요하지만, 몸의 다른 부분에 분포하고 있는 혈관과는 아주 다르게, 혈액 속에 녹아 있는 물질이 함부로 뇌 속으로 침투하지 못하게 막고 있다. 이러한 특징은 매우 중요하다. 만일 이런 기능이 없다면, 심각한 문제가 발생하게 된다. 앞서 보았던 시냅스에서 신경 전달에 사용하는 화학물질은 사실 아미노산 한 개로 되어 있는 매우 간단한 구조여서 우리가 매일 먹는 식품에도 아주 많이 들어가 있다. 만일 음식물을 섭취하

---

* 최근 KAIST의 정원석 교수와 한국뇌연구원 박형주 교수 연구팀이 내놓은 연구 결과에 따르면, 어른의 해마에서는 미소교세포가 아니라, 별아교세포가 시냅스를 없애는 기능을 해서 기억 조절에 관여한다고 한다. 미소교세포가 놓치는 부분을 시냅스에 꽉 붙어 있는 별아교세포가 밀착 조절하는 방식으로 조절하기도 한다는 것이다. 그러므로 시냅스 제거가 미소교세포만의 전문영역이라고 말할 수는 없게 되었다. 이 내용은《네이처》에 2020년 12월 발표되었다. https://www.nature.com/articles/s41586-020-03060-3

고 기분이 과도하게 바뀐다면, 이건 심각한 문제일 거다. 이런 일은 여간해선 잘 일어나지 않는데, 뇌혈관은 독특하게 변형되어 있어서 화학물질이 함부로 뇌로 들어오지 못하기 하기 때문이다. 하지만 뇌혈관을 통과해서 직접 뇌에 영향을 줄 수 있는 물질들이 자연계에도 있는데, 대마초, 아편 등 소위 마약 성분들이 대표적이다. 뇌질환을 치료하는 약물을 개발하는 연구자들에게는, 어떻게 큰 문제없이 뇌 속으로 약물을 전달할지가 아주 중요한 문제이기도 하다.

뇌를 구성하는 세포들을 간단하게만 따져보아도 이렇게 복잡하다. 이 모든 세포들이 잘 짜여져서 뇌가 이루어지는 것인데, 이와 비슷한 미니뇌를 만들어 보는 일이 가능하긴 할까?

줄기세포

미니뇌를 만들기 위해서는 뇌를 구성하는 대부분의 세포가 뇌처럼 잘 정렬되어 있는 상태를 만들어야 한다. 발생과정 동안 뇌를 만들어 내는 세포는 앞에서 설명한 종류의 뉴런이나 교세포가 아니라, 뉴런과 교세포를 만들 수 있는 소위 줄기세포이다. 영어로는 'stem cell'이라 하는데, 이를 번역해서 만들어진 용어이다. 'stem'에는 뭔가가 생겨나는 원천이라는 의미도 있고, 식물의 줄기라는 의미도 있다. 서양인들은 식물의 잎이나 꽃, 열매가 줄기로부터 나온다고 생각하나 보다. 우리는 근원을 따진다고 할 때 줄기가 아니라 뿌리를 생각하니, 여기에서도 동서양의 관점 차이를 엿볼 수 있다. 우리 식으로는 뿌리세포라고 불러야 할 것 같다. 줄기세포든 뿌리세포든, 이 세포는 약간의 환상을 심어준다. 무엇이든 될 수 있다니 뭔가 마법사의 비밀 레시피 같기도 하고, 좀 낡은 말이긴 하지만 만병통치약이란 느낌도 든다. 그런데 이런 생각은 사실 완전한 오해이다. 줄기세포는 뇌 또는 우리 몸 어디라도 만들 수 있는 '원료'인 셈이라서, 빵이나 파스타를 만드는 밀가루에 가깝다. 점심식사를 하러 갔는데 파스타 대신 밀가루가 나온다면, 뭐든지 될 수 있으리라는 기쁨과 신비감을 느낄 것 같지는 않다. 줄기세포를 잘 요리해서 뇌를 만드는 비법 레시피가 필요하다. 이 비밀 레시피는 다음 장에서 자세히 설명하기로 하고, 여기에서는 일단 원재료가 되는 줄기세포에 집중해 보자.

학문적으로 줄기세포는 크게 두 가지 특성을 가진 것으로 정의한다. 첫 번째는 자가복제self-renewal 능력이다. 어려운 이야기 같지만, 간단히 말하자면 세포가 분열해서 두 개의 세포가 될 때 두 세포가 모두 원래 세포와 같은 특성을 가진 세포가 될 수 있는 능력이 자가복제 능력이다. 즉 줄기세포는 계속 분열할 수 있으며, 한 번 분열하면 두 개의 줄기세포가 될 수 있다. 보통의 세포는 몸에서 특정 역할을 담당하도록 분화되고 나면 더 이상 분열하지 않는다. 뇌세포의 대표격인 뉴런은 일단 만들어지면 분열하는 법이 없으니, 뉴런은 줄기세포가 아니다. 반면 별아교세포는 평상시에는 잘 분열하지 않지만, 특정한 상황에서는 분열해서 그 숫자가 늘어나기도 한다. 그렇다고 해서 별아교세포를 줄기세포라고는 하지 않는데, 그 이유는 줄기세포의 두 번째 특성인 '다분화능

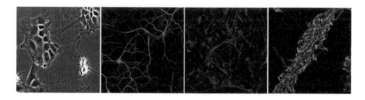

그림2-4 배양 중인 뉴런, 교세포, 신경줄기세포의 모양. 가장 왼쪽 사진에서는 넓적한 교세포 집단(왼쪽 위)과 가지가 많은 뉴런(오른쪽 아래)이 확연히 구분된다. 다음 사진부터는 형광염색을 해서 뉴런(초록색), 별아교세포(빨간색)를 보여준다. 마지막 그림에서는 초록색으로 염색된 신경줄기세포와 빨간색으로 염색된 어린 뉴런이 섞여 있는 상태를 보여준다. 파란색으로 염색된 것은 세포핵이다.
출처: 고려대학교 의과대학 류재련 박사 제공

multipotency'이 없기 때문이다. 다분화능은 줄기세포가 여러 종류의 세포가 될 수 있는 능력을 말한다. 별아교세포는 분열해도 별아교세포일 뿐이지 뉴런이 되지는 않는다. 줄기세포는 분열해서, 여러 다른 종류의 세포가 될 수 있다. 자가복제와 다분화능은 서로 배타적인 개념이어서, 두 능력을 동시에 가지고 있다는 것이 무슨 말인지 언뜻 이해가 어려울 수 있다. 줄기세포가 분열해서 두 개의 세포가 될 때, 그중 하나의 세포는 줄기세포가 되고(자가복제), 나머지 한 세포는 상황에 따라 여러 종류의 세포가 될 수 있다면(다분화능) 그 세포는 줄기세포이다(**그림2-5** 참조).

신경계를 만드는 줄기세포는 신경줄기세포라 부르는데, 이 세포는 자가복제해서 신경줄기세포로 유지될 수 있으며, 뉴런, 교세포 등 다양한 세포로 분화 가능하지만, 간세포나 근육세포 등으로는 분화되지 않는다. 그러므로 신경계 관련 세포가 될 수 있는 정도로 어느 정도 제한된 다분화능을 가지고 있지만 줄기세포의 정의에 맞기 때문에 신경줄기세포라고 한다. 한편 혈액을 만드는 줄기세포는 신경 계통의 세포는 만들지 않지만 혈액을 이루는 다양한 세포를 만든다. 따라서 이러한 줄기세포는 혈액줄기세포(또는 조혈모세포)라고 부른다. 사실 신경줄기세포, 혈액줄기세포 등의 줄기세포는 더

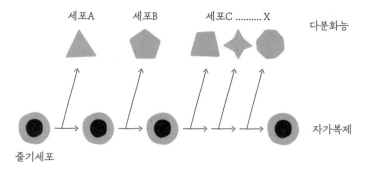

그림2-5 줄기세포의 자가복제 능력과 다분화능

근원적인 줄기세포인 배아줄기세포로부터 만들어진다. 배아
줄기세포는 우리 몸을 구성하는 모든 세포를 만들 수 있는 세
포로, 자가복제를 하다가 신경줄기세포, 혈액줄기세포 등 어
느 정도 제한된 분화 능력을 가진 줄기세포를 만들어낸다. 배
아줄기세포는 제한된 특화 줄기세포를 만들고, 특화 줄기세
포는 좀 더 능력이 떨어지는 줄기세포를 만들고, 이들은 다시
분화된 세포를 만드는 방식으로, 배아줄기세포가 우리 몸 전
체를 만드는 것이다. 몸속에 특정 세포들을 만들 수 있는 제
한된 줄기세포 일부는 어른이 된 뒤에도 계속 남아 있게 되는
데, 이들을 성체줄기세포라고 부르기도 한다. 배아줄기세포
가 우리 몸 전체를 만드는 과정인 발생에 중요한 역할을 한다

면, 성체줄기세포들은 우리 몸과 장기가 손상되면 이를 재생하는 과정에 주로 기여한다. 성체줄기세포들은 온몸에 퍼져 있어서 이들이 존재하는 한, 우리 몸은 어느 정도 재생 능력을 갖고 있기 때문에 독한 음식을 먹어서 위장 표면이 망가져도 다시 재생되고, 간이나 근육도 되살아난다. 성체줄기세포의 존재는 우리 몸이 계속 재생되어 영생불사할 수 있다는 무모한 희망을 주기도 한다. 연구자들은 노화 과정이 줄기세포의 결핍과 관련되어 있다고도 생각한다. 당연히 과도하게 단순화해서 생명체를 바라보는 관점이긴 하지만, 일리가 없는 것도 아니다. 이론적으로는 줄기세포가 있는 한 우리는 세포를 무한공급 받을 수 있으니 말이다.

줄기세포의 존재는 우리 몸을 구성하는 세포들이 평생 유지될 필요가 없다는 의미이기도 하다. 낡은 세포를 없애고 줄기세포에서 만든 새 세포로 바꾸어 사용하는 것이 더 건강하게 우리 몸을 유지할 수 있는 전략이기 때문이다. 실제로 우리 몸을 구성하는 세포는 수명이 짧다. 예를 들어 피부 세포는 대략 2주 정도 사는데, 2주가 지나면 서서히 각질화되어 몸에서 떨어져 나간다. 때를 미는 것은 각질층을 제거하는 일이라, 죽은 세포 안쪽에 있던 더 어린 세포들이 노출되게 된다. 피부가 매끈하게 느껴지는 것은 그런 이유 때문이라서,

전문가들은 때를 미는 게 그리 좋은 습관이 아니라고도 한다. 표면에 있는 각질층이 안쪽의 어린 세포들을 보호하는 기능도 가지고 있기 때문이다. 몸의 겉 표면뿐만 아니라 안쪽 표면들, 즉 위장관의 안쪽 표면, 폐의 안쪽 표면 등 노출된 부분에 있는 세포들도 각질화되진 않지만, 계속 재생된다는 점에서는 비슷하다. 몸의 안팎 표면에 있는 세포(상피세포)들만 재생되는 것이 아니라, 그 사이에 있는 세포들, 즉 근육, 골격, 섬유질조직 등도 중간엽줄기세포가 있어서 재생이 일어나고, 혈액도 조혈모세포가 있어서 계속 재생된다. 이런 성체줄기세포가 있다는 말은, 줄기세포가 있는 장기를 구성하는 세포는 수명이 정해져 있고 계속 재생이 일어난다는 의미이다.

다른 장기와 달리 신경계에는 성체줄기세포가 없으며, 뉴런은 한 번 만들어지면 우리 일생 동안 함께 살아가는 것으로 알려져 있었다. 이러한 이론은 카할 등이 신경계를 자세히 관찰하면서 만들었던 것인데, 아주 오랫동안 진실로 받아들여져 왔다. 사실 뇌에는 경험에 따른 많은 정보가 축적되고 이러한 정보는 뉴런이 주로 가지고 있게 되므로, 다른 신체 부위처럼 뉴런이 사라지고 새로운 뉴런이 만들어진다면, 쌓아둔 정보가 훼손될 수밖에 없다. 뉴런과 시냅스에 우리의 정신 활동이 창발된다면, 뉴런이 바뀌면서 자아가 바뀌는 문제가 생긴다. 바뀌는 정도가 심하면 내가 누구인지조차 알 수 없는 지경이 될 것이다. 새로운 뉴런이 생겨나는 것이 네트워크를 망가뜨리는 버그bug로 작용할 가능성이 높다고 생각할 수 있으므로, 새 뉴런이 만들어지지 않는 것이 더 안전하며 뉴런은 한 번 만들어지면 계속 유지되는 방식으로 진화되었다고 생각해 온 것이다. 증거가 빈약해도 한 번 일반적으로 통용되는 개념이 만들어지면, 이를 뒤집기는 매우 어렵다. 통념과는 달리, 어른에게도 새로운 뉴런이 생겨나는 것이 아닌가 하는 연구 결과들이 있었는데, 처음엔 신경 재생 능력이 있는 하등 동물에서, 나중엔 흰쥐 등 설치류, 심지어는 원숭이에서도 그런 연구 보고가 있었다. 그러나 인간의 마음에는 다른 동물과는 질적으로 다른 특별함이 있다고 믿고 싶은 사람들에겐, 사람에게서 새 뉴런이 생기는 것이 확인되기 전까지는 '동물들이야 뭐 그럴 수도 있지' 하는 수준의 가십으로 받아들여졌다. 대부분 연구를 진행하는 데 있어서도 결정적인 증거가 나오기 전까지는[사실 결정적 증거라는 것은 흔하지 않다. 어떤 증거를 제시해도 다른 설명이 불가능한 것은 아니고, 예외적인 가설을 만들어 의심하는 것이 과학자들의 본업이다 보니, 생각보다 과학자들의 호응을 얻기는 매우 어렵다], 논쟁의 여지가 매우 많다. 이 논쟁을 해소하기 위해서는 '사람 어른의 뇌에서도 뉴런이 새로 생겨나는가?' 하는 질문을 해결할 증거를 얻는 것이 꼭 필요했다. 이 증거는 미국 샌디에고에 있는 솔크연구소 Salk Institute*의 프레드 게이지Fred Gage 박사가 처음 제시하였다.[3] 문제 해결의 가장 중요한 착안점은, 유럽에서 잠시 브로모디옥시유리딘BrdU이라는 약물을 종양 진단을 위해서 환자에게 주사했던 적이 있었다는 점에 있었다. BrdU는 새로 분열하는 세포의 DNA에 끼어들어가, 나중에라도 이 약물을 주사한 때에 새로 만들어진 세포를 찾을 수 있게 해주는 특징이 있다. 이 약물은 실험동물을 대상으로 하여 성체에서 만들어진 뉴런을 찾는 데에 사용되었는데, 종양의 특징 중 하나가 비정상적인 세포 증식에 있기 때문에, 세포 증식 여부를 검사하기 위해 유럽에서 환자 진단용으로 잠시 사용되었다고 한다. 지금은 BrdU 주입이 정상 세포에도 약간의 독성이 있다고 생각되므로 인체에는 사용하지 못한다. 짧은 기간 동안 BrdU를 주사받았던 환자들이 있으므로, 이 환자들의 뇌

---

* 소아마비 백신을 만들어 인류를 구하고 자기 자신은 큰 부자가 되었던 솔크 박사가 사재를 출연해서 만든 연구소이다. 이 연구소에는 독특한 특징이 있는데, 건물에 건물명이나 표지판이 없다. 방문자 입장에서는 지나가는 사람들한테 물어봐야만 길을 찾을 수 이는데, 연구소의 비밀을 지키려고 그렇게 한 것이 아니라, 길을 물어보면서라도 소통을 통해 새로운 관계를 맺어보라는 심오한 의미가 담겨 있다는 설명을 들었다.

를 검사해 보면 어른의 뇌에서도 새 뉴런이 생긴다는 증거를 찾을 수 있을 것이란 발상을 하게 되었고, 몇몇 환자들로부터 사후 뇌 기증 서약서를 받을 수 있었다. 이러한 노력 끝에, 결국 50세 이상 된 사람에게서도 새로 뉴런이 만들어진다는 사실이 밝혀졌고, 사람에게도 성체신경줄기세포가 있고 그로부터 새로운 뉴런이 계속 만들어지고 있다는 점이 널리 인정받게 되었다. 사실 이런 연구 성과는 대단한 것이었지만, 여러 명의 환자를 대상으로 연구하지 못했다는 점 때문에 혹시 매우 예외적인 또는 비정상적인 경우는 아니었을까 하는 의심을 살 만하다. 이후 스웨덴의 요나스 프리센Jonas Frisen이라는 과학자는 냉전시대였던 1960년대에 잠시 원자폭탄 개발 실험이 활발했고, 이에 따라 대기 중에 탄소 방사성 동위원소의 농도가 잠시 높아졌었다는 점에 착안해서, 당시에 만들어진 뉴런을 '탄소연대측정법'⁴으로 분석하였다. 이 방법으로는 살아 있는 사람의 뇌를 PET라는 진단 장비를 통해서 분석하는 것이 가능했고, 그 시대에 살았던 어른이라면 누구라도 실험 참여가 가능했기 때문에, 좀 더 큰 규모로 보다 정량적인 연구를 할 수 있었다. 연구 결과는 대단히 흥미롭다. 나이가 들면 들수록 새로운 뉴런의 생성 비율이 낮아지긴 하지만 거의 평생 뉴런은 새로 생성되며, 이는 뇌 전체가 아닌 해마의 치아이랑dentate gyrus이라는 매우 좁은 영역에서만 일어나는 일이며, 하루 평균 700개 정도의 뉴런이 새로 만들어지기 때문에 평생에 걸쳐 치아이랑의 1/2 정도가 새로 채워진다는 것이다.

해마는 기억에 중요한 역할을 하는 뇌 부위로 잘 알려져 있으며, 우리가 공간을 인식하는 데에도 중요한 역할을 하는 부위이다. 그러니 많은 사람들이 '새 뉴런이 생기는 것은 새로운 기억이 만들어지는 것과 관련 있지 않을까?' 하는 생각을 했던 것 같다. 사실은 그렇지 않고(기억이 단단하게 저장되는 곳이 해마는 아니다), 조금 덜 흥미로운 방식으로 새로운 뉴런이 생겨나는 과정이 해마의 기능에 관여하는 것 같다. 약간 복잡하게 느껴질 수 있지만, 해마는 대뇌의 판단 기능과 다른 뇌 부위를 통해 들어온 다양한 감각 정보 등을 연결시켜주는 역할을 하는 곳이며, 이 중 치아이랑은 받아들인 감각 정보를 기존에 우리가 이미 뇌 속에 저장해 놓은 경험 정보와 비교할 수 있게 하는 역할을 담당한다. 즉 이런 역할을 담당하기 위해서는 기능이 다른 뉴런이 서로 연결되어 있어야 하는데, 새 뉴런이 생겨나서 있던 길에 샛길을 하나 더 놓는 셈이다. 즉 완전히 새로운 길이 열린다기보다는 두 길의 연결이 좀 더 쉬워진다고 할 정도의 작은 차이이다. 아직도 해마에서 새 뉴런이 만들어지는 이유에 대해서는 심각하게 논쟁이 진행 중이니, 이 설명은 이쯤하고 넘어가기로 하자. 어쨌든 사람의 뇌에는 성체신경줄기세포가 있고 평생 새로운 뉴런이 만들어진다는 게 현재 밝혀진 사실이다.

미니뇌를 만들려면, 원재료인 줄기세포가 필요하다. 원래 배 발달 과정 중 사람의 뇌가 만들어지는 과정과 비슷한 조건을 체외에서 만들어주어 배양 중인 줄기세포를 미니뇌로 키우는 것이 가장 중요한 비결이다. 미니뇌는 배아줄기세포로만 만들 수 있다. 성체신경줄기세포를 사용하면 일부의 신경세포 종류만을 만들 수 있기도 하고, 이 세포는 형태 형성 능력이 없기 때문에 미니뇌가 만들어지는 게 아니라, 신경세포구가 된다. 장이나 간과 같이 원래 재생이 잘 되는 장기는 성체줄기세포 자체가 형태 형성 능력을 유지하고 있어 이들로부터도 미니 장기를 만들 수 있다. 하지만, 미니뇌는 배아줄기세포로부터만 만들 수 있다.

배아줄기세포와 비슷하지만, 일본의 야마나카 신야 교수가 노벨상을 받게 된 역분화 유도만능줄기세포iPS, induced pluripotent stem cells5*라는 세포도 있다. 줄기세포가 특정 기능을 하는 세포로 되는 과정을 분화라고 하는데, '역분화'라는 말은 이미 분화된 세포를 줄기세포로 되돌린다는 말이다.

이런 일은 자연적으로는 일어날 수 없고,** 일어나서도 안 되는 일이지만, 인공적으로 세포를 조작해서 줄기세포를 만들 수는 있다. 줄기세포로 완전한 사람을 만들 수 있듯이, 역분화 유도만능줄기세포로도 (적어도 이론적으로는) 완전한 사람을 만들 수 있다. 이는 우리 몸에서 아주 작은 숫자의 세포를 가져다가 역분화 줄기세포를 만들면 나와 똑같은 사람을 복제하는 것이 기술적으로는 가능한 상태라는 뜻이다. 아주 작은 숫자의 세포는 피부, 머리카락, 피 한 방울 등 정말 작은 세포만으로도 가능하니, 머리카락 하나로 자신을 복제해내는 손오공의 현대판 술법이라 할 만하다. 역분화 유도만능줄기세포를 만드는 데에는 문제가 없지만, 사람을 복제하는 기술이 완전히 가능하다고는 말할 수 없다. 배 발달을 위해서는 우리 몸을 이루는 세포뿐만 아니라, 태반이나 양막처럼 태아를 감싸는 다른 구조들이 필요한데, 이러한 구조들을 배아줄기세포로부터 만드는 기술은 아직 개발되지 않았기 때문이

---

*   이 논문(미주 5)은 2006년에 발표한 최초의 논문으로, 생쥐 세포로부터 역분화줄기세포를 만들어낸 결과를 담고 있다. 곧바로 이듬해인 2007년에 사람의 세포로부터 역분화줄기세포를 만드는 데에 성공하였다.

**   재생 연구를 하는 분들은 이 말에 동의하지 않을 수도 있다. 역분화와 재생은 비슷한 면이 많이 있기 때문이다. 또한 식물에서는 자연적으로 역분화와 비슷한 현상이 관찰되기도 한다.

다. 인공 태반이나 인공 자궁을 만들 수 있다면, SF에서 보는 것처럼 체외에서 사람을 만들어낼 수 있을 것이다. 완전한 사람을 만드는 것은, 기술적인 문제도 있지만 윤리적인 이유로도 절대 해서는 안 되는 일이다. 그러나 우리 몸속 장기의 일부라면? 이미 장기 이식은 일반화되어 있고, 다른 사람의 장기를 이식받는 경우 적절한 과정을 거치기만 한다면 도덕적으로나 법적으로 문제가 없다. 만일 내 머리카락을 뽑아서 심장을 만들거나 신장을 만들어서 내게 이식할 수 있다면, 남의 장기를 이식받는 것보다 유리하기 때문에 미래에 매우 각광받는 기술이 될 것이다. 완벽한 사람을 복제하는 것보다 신체 일부만을 복제하는 것이 윤리적 문제를 덜 일으킨다. 신체 일부를 복제하는 일이 실제로는 간단하지 않은데, 문제점이 여러 가지 있지만 그중에서도 가장 큰 걸림돌 중 하나가 혈관계이다. 혈관은 우리 몸에 그물망처럼 얽혀서 혈액을 순환시키면서, 산소와 영양분 등 장기가 성장하고 제 기능을 하는 데 필요한 자원을 공급하는 체계이다. 혈관계가 없다면 이러한 생존 인자들이 단순한 확산에 의해서만 전달되므로, 크게 자라지 못하고 기껏해야 몇 밀리미터 정도로만 성장한다.

뇌를 기준으로 본다면 뇌를 구성하는 여러 세포들과 달리 혈관계는 뇌 밖에서 만들어져서 뇌 속으로 혈관이 침입해

들어와서 그물망을 구성한다. 즉 이후 설명할 미니뇌 만들기를 한다고 해도 자연스럽게 혈관이 만들어지지 않는다. 더구나 어찌어찌 해서 혈관을 만들어 넣는다고 해도, 혈관 속으로 피가 흐르지 않으면 생존 및 성장 인자들은 없고 빈 혈관만 있는 셈이니, 피가 필요하고 피를 돌릴 심장이 필요하다. 이렇게 되면 다시 사람을 복제하는 수준이 되어버린다. 현재 만들고자 하는 '미니'뇌는, 일부러 작게 만드는 게 아니라 이러한 기술적 한계 때문에 작게 만들 수밖에 없는 상태이다.

**A map tells you where you've been,
where you are, and where you're going —
in a sense it's three tenses in one.**

Peter Greenaway

CHAPTER 3
뇌 설계도

"지도는 우리가 과거에 어디 있었고, 지금 어디 있으며, 앞으로 어디로 갈지를 하나의 시제로 알려준다."고 말한 피터 그리너웨이는 독일의 영화 제작자로 유명하다. 지도에 대한 그의 짧은 말에서, 시간을 초월하여 방향을 알려주는 지도의 의미를 간결하게 느낄 수 있다.

3장에서는 미니뇌 제작을 위한 길잡이가 될 뇌지도에 대해 간단히 알아보고자 한다. 자세한 뇌지도는 미니뇌를 만들기 위해서만 필요한 것이 아니라, 우리가 뇌의 작동 원리를 이해하고, 뇌질환을 치료하는 데에도 꼭 필요한 만큼 뇌과학 전반의 이해를 높인다는 마음으로 읽어보자.

앞에서 뇌를 만들기 위해서는 어떤 재료가 필요한지, 이렇게 만든 뇌에는 어떤 세포가 있는지 알아보았다. 뇌를 만드는 첫 시작점과 마지막에 우리가 얻게 될 산물에 대하여 어느 정도 이해하게 되었을 것이다. 그렇다면 이제 그 과정이 남았는데, 번듯한 설계도 하나쯤은 있어야 하지 않을까.

설계도는 청사진blueprint이라고 표현하기도 한다. 복사기가 발명되기 전인 19세기에 집이나 기계 등을 만들 때 엔지니어가 손으로 그린 도면을 여러 명이 나눠가지고 보면서 작업하기 위해서, 반투명 용지에 도면을 그린 후 수산화철용액을 써서 사진 인화하듯이 여러 장을 만들어내는 방법을 사용했다. 이때 복사본의 바닥이 파란색이 되었기 때문에 청사진이라고 불렸던 것이다. 지금이야 복사기를 사용하던 20세기를 지나서, CAD로 설계한 뒤 디지털화된 정보를 전달하는 시대이니, 청사진은 이제 은유적인 표현으로만 남아 있다. DNA 유전정보를 흔히들 생명의 청사진이라고 부른다.

DNA가 유전정보로 작동한다는 사실이 서서히 명확해진 것은 1950년대이다. 이후 인간의 유전정보를 모두 읽는 인간유전체 프로젝트human genome project가 DNA의 구조를 밝혔던 제임스 왓슨 주도로 1990년에서 2000년대 초까지 10여 년간 진행되었으며, 2003년에 이르러 인간의 유전체 정보를 모두 알게 되었다. 아이러니하게도, 유전체 정보를 다 밝혀낸 뒤에 오히려 DNA는 생명의 청사진이라는 말을 덜 사용하게 되었다. 그 정보를 다 읽어냈는데도 불구하고 생명에 대해 여전히 모르는 것이 더 많다는 회의감이 들었기 때문이다. 지금은 DNA 염기서열 밖에 있는 정보*에 대한 연구가 활발하다. 한편 알아낸 사실을 기반으로 해서 활용 가능한 방법을

---

* 흔히 후성유전학이라고 부르는 연구 분야인데, 유전자 염기서열에는 변화가 없더라도, 메틸화와 같은 화학적 변성에 의해 DNA에 변형이 생기거나, DNA를 감싸고 있는 히스톤단백질의 상태에 의해서 유전자 발현이 얼마나 많이 일어날 수 있는지 등을 다룬다. 후성유전학적 변화는 만들어지는 단백질의 아미노산 서열을 바꾸지는 않지만, 단백질이 얼마나 만들어지는지를 조절하는 중요한 단계이기 때문에, 정상적인 생명 현상과 각종 질환을 이해하는 데 매우 중요하다.

찾아내는 일은 응용과학의 몫이다. 이제 유전체 정보는 환자를 진단하는 데 사용하는 개인맞춤형 정밀 의료라는 개념으로 발전하여 의료계에서 활발히 사용되고 있다. 생물학적 원리로 본다면, 유전자의 발현은 외부의 환경에 영향을 받기 때문에, 특정 질병과 관련성이 높은 유전자형을 가지고 있다고 해도, 환경적 자극이 없으면 질병이 일어나지 않는 경우도 많다. 사주팔자는 타고나는 것이지만 제 할 나름이라는 말과도 매우 비슷하지 않은가. 반면에 기초 연구자들은 유전자 정보로는 알아낼 수 없는 새로운 정보를 찾아서, 생명 현상을 예측하거나 질병을 보다 정확하게 예측 진단할 수 있는 방법을 찾고자 한다. 생명과학자들에 따라 하고자 하는 연구는 다르지만, 인간 유전체 정보가 만들어낸 지도에서 많은 정보와 방향을 탐색할 수 있게 되었다. 무지의 세계로 나아가려면, 실제 세계이든 지식 세계이든, 제일 먼저 항해지도가 필요하다.

　　지도의 정교함은 우리 지식의 양에 의존한다. 대항해 시대 네덜란드인들이 만들었던 우리나라 주변의 지도를 보면, 일본열도에 대해서는 매우 자세한 정보가 들어있는 데 반하여 한반도를 '섬insula'으로 표현하고 있을 정도로 부정확하다. 이는 당시 서양 세계가 일본과는 활발히 교역을 하고 있어서 일본을 항해하기 위한 자세한 정보가 필요했고, 그만큼 정보가 쌓여 있었음을 의미한다. 반면 우리나라는 그렇지 않았다는 것은 이 지도만 놓고 보더라도 쉽게 파악 가능하다. 아이러니한 점은 서구 세계가 일본에 관심이 높았던 이유는, 서양인들이 은 본위 화폐제도를 잘 정비한 중국과 교류를 하려면 은이 필요했고, 일본이 은을 제련할 수 있는 좋은 기술을 가지고 있었기 때문이라고 한다. 일본이 가졌던 은 제련 기술은 조선에서 개발한 기술을 훔친 것이라니, 기술 하나의

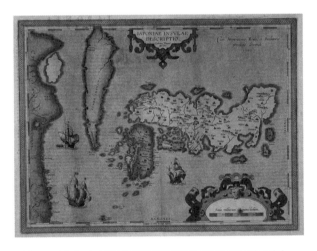

그림3-1 이 지도는 네덜란드인들이 대항해 시대에 만든 지도이다. 일본이 자세히 기술되어 있는 데 반하여 한반도는 실제와는 아주 다르게 그려져 있음을 알 수 있다. 출처: 도쿄후지미술관 홈페이지

나는 뇌를 만들고 싶다

향방이 세기에 걸친 민족과 국가의 운명을 갈라놓기도 한다.

인간의 뇌라는 미지의 세계로 나아가기 위해서도 지도가 필요하며, 현재의 지도를 보면 우리가 뇌에 대하여 얼마나 알고 있는지 파악 가능할 것이다.

뇌지도

뇌에 대한 무지를 해결하기 위해서, 뇌지도의 작성에 범세계적으로 노력을 모으고 있다. 생명체는 유전자를 물려받아 근원적 존재성을 확보하게 되지만, 이에 더하여 드러나는 개성은 환경의 영향을 많이 받는다. 살아가면서 겪는 경험이 기억이나 세계관으로 남게 되는데, 이러한 과정에서 뇌에 존재하는 뉴런의 활동 양상이 변화되며, 이같은 뉴런 활동의 변화는 아주 미세하지만 뇌 구조의 변화로 이어진다. 아직 완전히 확신할 수는 없지만, 뉴런 간의 연접인 시냅스에 저장되는 것으로 추정하고 있다. 그러므로 만일 우리가 시냅스 하나하나를 구분할 수 있는 수준으로 뇌 전체의 지도를 만들 수 있다면, 사람의 개성과 생각이 담겨 있는 구조를 파악할 수 있을 것이다. 프린스턴대학의 한국계 과학자, 세바스찬 승(승현준) 교수는 뇌 연결성의 총합인 연결체(커넥톰connectome)가 결국 '자아'일 것이라고 생각한다. 관심 있는 독자는 TED강연[6]이나 승현준 교수의 책『커넥톰, 뇌의 지도』를 찾아서 읽어보기를 권한다. 이전에 조지프 르두 교수가『시냅스와 자아』라는 저서에서 시냅스 속에 자아가 숨어 있다고 설명한 것과 비슷한 맥락으로 연결되어 있다. 커넥톰은 결국 시냅스의 총합이니까. 이런 의견은 학계에서 나름의 타당성을 인정받아, 시냅스를 자세히 관찰할 수 있는 수준의 정밀도를 가지고 뇌 전체를 분석해보고자 하는 연구가 세계 각국에서 활발히 진행되고 있다. 우리나라 한국뇌연구원(KBRI)과 한국과학기술원(KIST)에서도 이러한 연구를 진행하는 개척자들이 활약하고 있다.

커넥톰 연구

인류가 유일하게 전체 신경망을 분석한 동물은 C. elegans, 우리말로는 예쁜꼬마선충[elegans를 '예쁜'이라고 번역한 것이 참 마음에 든다. 이 벌레가 예쁘다고 생각할 사람이 많지는 않겠지만]이다. 예쁜꼬마선충은 다 자라도 전체 길이가 1밀리미터 정도밖에 되지 않는다. 그리고 겨우 307개의 뉴런이 약 7,000개의 시냅스를 이루고 있을 뿐이다.[7] 시냅스를 관찰하려면 수십 나노미터를 구분할 수 있는 해상력이 필요하고, 이런 초고해상으로 3차원 전체 부피를 읽어야 하니, 만만한 일은 아니지만 그나마 도전해 볼 수 있는 정도이다.

신경계 지도를 만들기 위해서 이 작은 벌레가 가진 장점은 크기가 작다는 점 이외에도 몇 가지 더 있다. 동물들은 대부분 신경계를 구성하는 세포들이 비슷하긴 하지만 숫자나 연결성에 각각의 개성이 담겨 있다. 이러한 개체 간의 차이는 뇌지도를 만들 때 문제가 되는데, 한 마리에서 모든 결과를 얻는 것이 어려워서 여러 마리의 동물로부터 데이터를 얻어

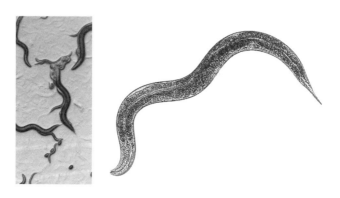

그림3-2 예쁜꼬마선충 출처: 대구경북과학기술원(DGIST) 김규형 교수 연구팀 제공

합쳐야 한다면 특히 문제가 된다. 그런데 예쁜꼬마선충은 생식세포를 제외한 모든 세포의 숫자와 배열 상태가 개체마다 별 차이가 없다. 생식세포야 산란기나 알을 낳기 전후에 다른 게 당연하니 이를 제외하고 나면, 개체 간 변이가 거의 없다는 점은 사실 매우 놀라운 특징이다. 포유동물은 '클론'을 만들어도 체세포 숫자가 서로 다르다. 살아가는 동안 다양한 자극이 세포의 분열을 촉진하고 또 일부 세포는 죽어서 탈락하기 때문에 항상 그 숫자가 바뀌고 있다. 예쁜꼬마선충의 모든 개체는 세포의 개수가 똑같고, 이러한 사실은 세포의 위치, 특성, 운명 등이 모두 환경보다는 유전의 영향을 보다 강력하게 받고 있다는 뜻이다. 이러한 이유로 예쁜꼬마선충은 유전학적 연구에 매우 활발히 이용되어 왔다. 유전학자들에게 이 작은 벌레가 얼마나 예뻐 보였을까. 분석할 만큼 작은 크기이고 개체 간 변이가 없을 뿐만 아니라 유전학적으로 돌연변이 개체를 만들고 분석할 수 있는 방법이 잘 확립되어 있기 때문에, 신경계의 연결성을 파악한 후에 하나의 유전자 또는 개별 뉴런을 변형시킨 후 그 효과를 분석하면 뉴런 연결이 가진 생물학적 의미를 파악하는 것도 가능하다. 이러한 특징 때문일까, 신경계 전체의 연결성이 100% 파악된 것은 예쁜꼬마선충이 제일 처음으로, 1986년에 시드니 브레너Sydney Brenner

연구팀이 발표하였다. 비슷한 크기의 다른 벌레에서도 이후 커넥톰 분석이 발표된 바 있고, 멍게 유충의 일부, 파리 뇌, 생쥐의 망막 일부 등 좀 더 큰 동물들의 신경계 일부를 대상으로 한 커넥톰 분석이 보고된 바 있다.

커넥톰 연구에는 전자현미경을 이용하는데, 시냅스 하나하나를 자세히 파악하려면 일반적인 광학현미경으로는 아무래도 한계가 있기 때문이다. 꼬마선충을 가래떡 썰듯이 수십 나노미터 두께로 조심스럽게 연속으로 자른 후, 얇게 잘린 한 장 한 장을 전자현미경으로 모두 사진을 찍고, 이 이미지들을 다시 컴퓨터로 재구성하면 입체적인 정보를 얻을 수 있다. 이런 방식이다 보니, 만일 얇게 자르다가 실수로 한 장을 잃어버리면 그만큼의 정보가 사라진다. 한 장 정도를 어쩌다 잃은 경우에는 그 앞뒤를 보면서 없는 부분을 추정하는 것이 가능하겠지만, 혹시라도 많은 사진을 잃어버리게 되면 처음부터 모두 다시 해야 할지도 모른다. 요즘엔 이런 문제점을 해결하고자 조금 다른 방식을 이용하는데, 잘라낸 얇은 조각이 아니라 잘라내고 남은 몸체의 표면을 이미징하는 방식이다. 기계에 긴 꼬마선충을 넣고 한 장 자른 후에 잘린 면을 사진 찍고, 한 장 더 자른 후 또 사진을 찍는 과정을 꼬마선충을 다 자를 때까지 반복하면 된다. 자르는 것도 칼로 자르는 게 아니라 레이저로 깎아내면 정교하게 수십 나노미터만 없앨 수 있으며 자동화가 가능하니까, 이런 과정이 가능하도록 만들어낸 장치에 넣고 설정한 뒤 단추만 누르면 자동으로 사진이 찍혀져 나온다.

문제는 사람을 대상으로 같은 연구를 할 수 있는가 하는 점이다. 가장 최신식 자동 전자현미경을 이용하더라도 도무지 감당할 수 없는 시간이 든다. 사람의 뇌는 대략 1.3~1.5리터 정도의 부피를 가지고 있다. 벌레들과는 크기만으로도 도저히 비교할 수 없다. 그래도 이런 무모한 도전을 시도하는 연구자들이 세계적으로 꽤나 많다. 인간 유전자지도를 만들자고 할 때도 처음에는 무모하다는 반대가 많았다. 그러나 연구자들이 힘을 모아 연구를 진전하다 보니, 처음에는 산술적으로 불가능해 보이던 문제를 해결할 수 있는 새로운 기술들이 급격히 개발되어 한계를 계속 뛰어넘게 되었고 결국 프로젝트는 성공을 거두었다. 이러한 성공의 경험은 불가능해 보이는 뇌지도 작성을 낙관적으로 생각하게끔 용기를 준다. 이런 이유로 미국에서도 처음에는 '뇌지도 프로젝트'라는 이름으로 초대형 연구개발 사업을 준비하다가, '브레인 이니셔티브BRAIN INITIATIVE'라는 이름으로, 뇌지도 작성을 위한 새로운 기술 개발을 시도하는 거대한 공동 연구 사업을 진행하는 중이다.[8] 기술적인 문제뿐만 아니라 다른 이유를 들어 이러한 초대형 뇌지도 사업 진행을 반대하는 목소리 또한 만만치 않다. 예를 들어 뇌 연결성은 사람이 경험을 하면서 기억이 쌓이고 생각이 바뀌면 계속 바뀔 것인데, 스냅사진 같은 특정 상태의 뇌 연결성에 대한 초고해상도 정보를 얻는 게 어떤 의미가 있겠는가 하는 비판이다. 아무리 정밀하다 해도 사진 한 장에 어떻게 사람의 일생과 사상을 담겠는가. 또한 전자현미경으로 확인할 수 있는 것은 시냅스의 모양과 개수 등 형태적 정보일 텐데, 이러한 데이터로는 뇌 기능에 대해서 간접적인 정보만을 얻을 수 있는 것이 아닌가 하는 뼈아픈 비판도 있다. 물론 이에 대한 반론도 만만치 않다. 커넥톰이 뇌의 모든 신비를 해결하기 위한 해결책이라기보다는 말 그대로 뇌 이해를 위한 지표가 되는 '지도'의 밑그림을 그리는 일이라는 주장이다. 뇌구조를 그린 정교한 지도가 있다면 이를 기반으로 다양한 정보가 통합 가능할 것이라는 의견도 있다. 구글맵이 처음에는 정말 말 그대로의 지도였다면, 여기에 식당의 정보, 평판 등의 정보가 더 모이고, 길찾기, 내비게이션 등의 부가 기능들이 쌓여서 이젠 작은 세상이 그 속에 들어 있다. 뇌 지도 역시 일단 구조 지도를 만들어 내면 이를 기반으로 많은 일이 가능해질 것이라는 게 낙관론자들의 생각이다. 과학적인 측면에서의 우려 외에 또 다른 문제들도 있다. 인류의 드림팀이 모여서 사람 뇌 커넥톰을 분석한다면, 도대체 누구의 뇌를 분석해야 할까? 실제로는 한 명의 뇌를 전체 분석하는 것이 아니라 서로 다른 사람들의 뇌를 분석할 수밖에 없을 것이며, 이것을 모아서 인류 평균의 지도를 만들어야 할 것이다. 그렇다 해도 성별, 민족, 연령 등 유전체와 생활 환경 및 신체적 특징을 고려하지 않고 무작위로 샘플을 분석한다면 이러한 차이를 대변하는 요인들이 모두 다양한 결과로 나올 테니, 데이터를 어렵게 얻고서도 원하는 정보를 얻기 어려울 수 있다. 그러므로 한 명을 분석하기는 어렵더라도 대략 다양성이 적은 소수 집단을 대상으로 하는 편이 유리하다. 이 대상은 유엔에서도 정하기 어려울 것이며, 유럽인의 뇌를 표준으로 한다면 동양권에서는 불만이 있을 것이다. 예상 밖의 성차별 문제로 논쟁을 벌여야 할지도 모른다. 이 모든 문제들을 다 떠나서 정상적이며 유전적으로나 생활 환경, 나이가 비슷한 사람의 뇌를 충분히 구할 수 있기는 할까? 인간 뇌의 신비를 풀기 위한 노력은 역시 만만치 않은 도전이며, 이러한 논쟁과 시도 또한 인간에 대한 이해를 높이는 중요한 과정으로 보아야 한다.

아직 앞에서 나열한 문제들을 극복하려면 한참 더 시간

이 걸리겠지만, 한 가지 유의미한 성공을 여기에 소개해 보려한다. 초고속 반자동 전자현미경이 개발되면서 이미지를 만드는 과정보다는, 생산된 이미지를 보면서 어디가 어딘지를 분석하는 것이 훨씬 더 오랜 시간이 걸리는 일이 되어버렸다. 따라서 커넥톰의 구루, 세바스찬 승 교수는 분석을 혁신적으로 빠르게 처리하는 방법을 찾고 있다. 사실은 흡사 색칠공부하는 그림처럼, 전자현미경 사진은 진한 선으로 여러 구조가 나뉘어져 있는 상태로 나온다. 그러므로 사람이 일일이 각 구조에 다른 색깔을 칠해 주고, 연속된 다음 장에서 같은 구조를 찾아서 같은 색깔을 칠하는 일을 계속 반복해야 한다. 처음에는 서로 다른 구조물이라고 생각하고 다른 색깔을 칠했는데, 한참 진행하다 보니 두 구조가 하나의 줄기에서 나온 가지인 것을 알게 되면 다시 같은 색깔로 바꾸어야 하고, 이러한 일을 수천 장 계속 반복하기만 하면 된다! 처음에 세바츠천 승 교수는 소셜미디어를 통해 프로젝트에 참여하고 싶은 사람을 모집하여, 이 자원자들이 게임하듯이 영상을 보면서 조금씩 이미지를 구분하는 작업을 하도록 만들었다. 컬러링북 등 색칠하기를 하면서 힐링을 원하는 사람들이 많은 것을 생각해 보면 은근히 매력적인 작업이긴 하다. 승 교수 본인에게 직접 확인해 본 바는 없으나, 이런 개미군단의 노력을 빌린 것은 실제 분석에 큰 도움을 기대해서라기보다는 뇌지도 작업에 대한 사회적 관심을 높이려는 목적이었을 것으로 짐작된다. 그는 인공지능 알고리듬을 이용하여 이러한 일을 대신 해주는 자동화시스템을 개발하는 데 성공하였고, 이를 이용한 뇌지도 개발에 박차를 가하고 있다.[9] 이같은 사례에는 흥미로운 시사점이 있는데, 인간의 뇌가 인간의 능력으로는 이해하기 어려운 것이 사실이니, 뇌지도 개발은 인간의 한계를 뛰어넘는 싸움인 것이다. 인간의 뇌보다 특정 능력이 더 뛰어난 인공지능의 힘을 빌리면, 현재의 뇌 연구가 처한 한계를 뛰어넘을 수 있다. 아직 인공지능의 능력이 충분히 높진 않지만, 인공지능의 발전에 희망을 거는 뇌 연구자들도 많다.

거시적 뇌지도

앞서 설명한 초고해상도 뇌지도는 한 장을 만드는 데만도 엄청난 노력이 들어가는 매우 어려운 일이다. 그럼에도 불구하고 거기에서 얻어낼 수 있는 정보는 제한되어 있다. 예를 들면 개인차를 볼 수 없고, 사후 뇌를 이용해서 분석해야 하기 때문에 살아 있는 상태에서 반복해서 변화하는 양상을 볼 수

나는 뇌를 만들고 싶다

도 없다. 그러나 해상도를 포기하면 이런 문제를 해결하는 방법이 없는 것도 아니다. 이렇게 만든 뇌지도를 '거시적 뇌지도macroscale brain map'라고 하는데, 자기공명영상, 즉 MRI로 뇌 사진을 찍는 방법이다. MRI는 물리학적 원리를 이용해서 비침습적으로 뇌 사진을 찍기 때문에 상당히 정교하게 뇌 부분의 모양을 확인할 수 있다. 보통 병원에서 상용하는 장비가 3테슬라* 정도의 세기를 가지고 있는데, 연구용으로 개발된 장비 중에는 7테슬라, 14테슬라 등 훨씬 센 전자석을 사용하는 것들도 있다. 이같은 장비를 이용하면 밀리미터 이하의 해상도로 사람 뇌를 관찰하는 것도 가능하다. 더군다나 MRI는 반복적으로 촬영이 가능하므로, 안전이 보장되는 한 같은 사람으로부터 여러 번 영상을 얻어 비교 분석이 가능하다. 다만 시냅스의 크기를 감안하면 MRI로 볼 수 있는 변화는 1세제곱밀리미터 정도의 부피에 들어 있는 시냅스 및 기타 세포들의 구조적 변화의 총합이다. 정교하진 않지만, 병원에서 진단에 사용될 만큼, 병적으로 크게 뇌가 바뀐 것은 관찰이 가능하다. 이만한 정보도 소중한 정보이므로 정상 또는 환자들의 개인적 뇌 사진을 모아서 분석하면 다양한 특성을 파악할 수 있

---

*   전기자동차 이름이 아니라, 자장 세기의 단위이다.

다. 아주 유명한 연구 중 하나는, 런던의 택시 운전기사에 대한 뇌영상 연구이다.[10] 런던은 오래된 도시인 만큼 길이 복잡하기로 유명하다. 런던에서 택시 운전기사 면허를 받으려면 길을 잘 외워야 하기 때문에, 공간 기억을 하는 훈련을 많이 해야만 한다. 물론 이 연구가 진행되었던 시절의 이야기다. 지금은 내비게이션 덕분에 이런 능력자를 따로 뽑을 필요가 없어졌지만 말이다. 연구 결과는 당시 상황에서 오랫동안 택시 기사를 한 사람들이 보통 사람보다 공간 기억에 필요한 뇌 부위인 해마의 크기가 통계적으로 더 크다는 사실을 밝혔다. 원래부터 해마가 큰 사람들이 더 많이 택시 운전기사가 되었을 가능성을 배제해야 하니, 실제 실험은 정교하게 계획되어야 했는데, 택시 운전기사 경력에 비례하여 해마의 크기가 더 커지는 경향성이 보였다. 이같은 결과는 운전을 오래 하면서 해마를 많이 사용하면 할수록 해마가 더 커졌다는 사실을 강력히 시사하는 결과이다. 이 연구가 발표된 이래 다양한 유사 연구가 진행되었는데, 그 결과는 대동소이하다. 피아노를 잘 치는 사람은 피아노를 치는 데 필요한 뇌 부위가 커져 있다거나, 운동선수들은 운동 능력과 관련된 뇌 부위가 커져 있다거나 하는 연구 결과들이다. 이러한 관찰의 축적은 뇌 부위의 크기와 그 부위의 기능이 긴밀히 연관되어 있음을 시사하는 것이다. 특정 뇌 부위의 크기를 조사하면 그 부분이 담당하는 뇌의 능력이 얼마나 좋은지를 예측할 수 있지 않은가 생각해볼 수 있는데, 이런 연구들은 통계적 방법에 의해서 경향을 보는 추론이기 때문에, 매우 주의해야 한다. 확률이 높다 해도 확률은 확률일 뿐, 확실한 것은 아니니까 말이다. 연구자들 역시 실험동물이나 단백질 등 연구 대상을 객관화하는 것에는 익숙하지만, 나와 같은 권리를 가지고 있는 동등한 대상인 사람을 대상화하는 연구에서 '정치적 올바름'을 유지하는 데에는 익숙하지 못하기도 하니 각별히 조심해야 한다.*

MRI를 이용하면 뇌의 모양만 볼 수 있는 것이 아니라, 뇌의 활성도도 분석할 수 있다. 정확하게 말하면 뇌의 어떤 부위에 피가 많이 몰리는지를 볼 수 있다는 것인데, 뇌가 작동하려면 에너지를 많이 사용해야 하고, 그러다 보니 뇌에 필요한 에너지의 공급원인 피는 활발히 작동하는 뇌 부위로 더 많이 몰리게 된다. 이러한 발견에 힘입어, 이제는 특정한 활동을 할 때 어떤 뇌 부위가 쓰이는지를 파악하는 것이 가능하

---

*   아무리 과학적으로 인정받는 방법을 사용했다 해도 남녀 간의 생물학적 차이를 분석한 연구들은 많은 논쟁을 불러일으켜 왔다. 인종 간의 차이 역시 마찬가지이다. 과학적 방법이 개인차처럼 미세한 차이를 명확하게 예측할 만큼 정교하지 못한 이유도 있고, 과학자들의 감수성 문제도 복합되어 있다.

다. 이러한 연구 방법은 구조를 보는 MRI와 구분하기 위하여 흔히 fMRI('기능'을 본다는 뜻으로 functional이라는 단어를 앞에 붙였다)로 부른다. 이런 연구 방법은 사람들이 특정 미션을 수행하기 위해서 뇌를 쓰기 전후로 변화하는 혈류량을 측정하는 방법이기 때문에, 매우 역동적인 결과를 얻게 된다. 역동적이란 말은 데이터를 분석하기 어렵다는 뜻이기도 해서, 이 결과 분석에는 많은 수학적 알고리듬의 도움이 필요하다. 이런 방식의 연구로, 우리는 수학 계산을 할 때는 어느 뇌 부위가 작동하는지, 슬플 때는 어떤 부위가 활성화되는지 등을 알게 되었다. 이러한 연구를 통해 알게 된 매우 흥미로운 결과들이 여럿 있는데, 아마 신문 지면을 통해 소개된 내용을 접한 적이 있을 것이다. 그러나 매우 조심스럽게 해석해야 하는데, 연구의 속성상 인과 관계가 아닌 상호 연관성만을 보여줄 뿐이고, 이 연관성을 해석하는 것은 연구자 또는 독자의 몫이기 때문이다. 예를 들어, 수학을 잘 하는 사람과 그렇지 못한 사람에게 수학 문제를 내주고 문제를 푸는 동안 fMRI 분석을 해보았더니, 수학에 능숙하지 못한 사람의 뇌 활성 정도가 더 컸다. 아마도 수학에 능숙하지 않으니 뇌를 더 많이 써야 하는 것이 아닌가 하는 게 그에 대한 설명이다.* 또한 종교적 각성이 높을 때 뇌를 분석해 보니 특정 뇌 부위의 활성이 커지는 것을 발견하였다. 이 발견은 영적인 현상이 사실은 뇌 활동의 결과물이라는 것으로 설명되었으나, 이 결과를 '신이 존재하는 것이 아니라 뇌 활동의 산물일 뿐이다'라고 해석하는 사람이 있는 반면에, '거봐, 신이 없다면 왜 신의 영접에 반응하는 뇌 부위가 있겠어. 이것이야말로 신의 존재를 증명하는 결과다'라고 해석하는 사람도 있었다. 어느 쪽이 적절한 해석인지는 더 이상 이야기하고 싶지 않지만(필자 본인은 유물론자다. 어떤 설명을 선호할지는 독자들의 판단에 맡긴다), 같은 결과를 두고 나오는 상반된 해석은, 연관성만을 파악하는 연구의 한계이다.

뇌 투명화

지금까지 뇌지도를 만드는 대표적인 두 가지 방법으로 전자현미경을 이용한 초미세구조, 그리고 거시적인 뇌 전체 매핑을 소개하였다. 사실 두 기술은 줌인-줌아웃 같이 서로 다

---

*   이 이야기는 컴퓨터 단층촬영기(PET) 개발에 선구자 격인 조장희 교수님의 강연에서 직접 들은 이야기이다. 어떤 논문을 근거로 하신 말씀인지는 정확하지 않다.

른 배율로 보는 방법인 셈인데, 두 방법이 제공하는 이미지의 배율 차이가 대략 만 배 정도나 된다. 대략 지구본 하나랑 동네 사진 한 장을 들고 이 사진이 지구본의 어느 부분에서 찍은 사진인지 맞추어 보아야 하는 상황인 셈이다. 이 두 정보를 하나로 통합하기 위해서라도 그 중간 정도 배율을 가진 이미지를 쉽게 얻을 수 있는 연구 기법이 필요하다. 특히 하나의 뉴런이 수 센티미터에서 수 미터까지 액손을 뻗는 경우도 있어서, 초미세 분석으로도, 거시적 분석으로도 개별 세포의 연결성을 자세히 분석하기는 어렵다. 이러한 관찰은 해상도로 본다면 광학현미경으로 해야 하는 것인데, 조직을 일일이 잘라서 연속 절편을 만들고(다만 커넥톰 연구에서처럼 수십 나노미터 두께로 자를 필요는 없고, 수십 마이크로미터 정도 두께로만 자르면 된다), 이 절편들을 이용해서 분석하는 방법이 가장 일반적이다. 두껍게 자르고 마이크로미터 수준의 해상도를 가진 장비로 분석하는 것이지만 기본적 원리는 커넥톰 연구를 위한 전자현미경 방법과 비슷하다. 이 과정 중에 조직을 얇게 자르고 이미징한 뒤에 다시 이 이미지를 연결해서 입체로 만드는 일에 힘이 많이 든다. 따라서 자르지 않고 두꺼운 조직에서 정보를 얻을 수 있다면 큰 도움이 된다. 사실 조직을 잘라서 얇게 만드는 이유는, 빛이 조직 속으로 들어가지 못하기

나는 뇌를 만들고 싶다

때문에 내부를 고해상으로 들여다 볼 수 없기 때문이다. 따라서 조직을 투명하게 만든다면 조직을 자를 필요가 없어진다. 이런 배경 하에 빛이 조직 속으로 들어가게 만드는 소위 '뇌 투명화 기술'이 탄생하였다. 뇌를 투명화해서 관찰하는 방법은 오래전부터 간간이 발표되고 있었지만, 2013년 당시 스탠퍼드대학교의 칼 다이서로스Karl Deisseroth 교수와 그 연구실에 포닥으로 있던 정광훈 박사(현 MIT 교수)가 클래러티 CLARITY라는 기술을 《네이처》에 발표하면서부터 세계적인 주목을 받게 되었다.[11] 이제는 클래러티를 직접 사용하는 연구실이 많지 않지만, 이 개념으로부터 출발하여 탄생한 많은 상위 버전의 기술이 다양한 연구에 활용되고 있다. 이러한 방법을 이용하면 뇌 전체를 투명하게 만들 수 있기 때문에, 자르지 않고도 효과적으로 뇌 속에 있는 뉴런들이 서로 어떻게 연결되어 있는지를 파악할 수 있다. 물론 여러 가지 제한점이 있기 때문에 현재의 기술로는 대략 1~2센티미터 정도 두께의 조직을 분석하는 것이 한계이긴 하지만, 기술 발전의 놀라운 속도를 생각하면 조만간 다시 또 깜짝 놀랄 만한 기술로 이 한계를 뛰어넘을 것은 너무나 당연해 보인다. 그게 언제이고, 누구일지가 궁금할 뿐이다. 기술적인 내용을 여기서 자세하게 다루지는 않겠다. 다만 1897년 허버트 조지 웰즈가 쓴

소설『투명인간』에도 나오는 물리학적 원리인 '굴절률' 조정이 기반이 되어 뇌 투명화를 한다는 정도만 짚고 넘어가고 싶다.

　여기에 미처 다 소개하지 못한 다양한 뇌지도 만들기 노력이 있지만, 궁극적으로 쓸 만한 뇌지도를 완성하려면 시간이 얼마나 걸릴지는 아직 미지수이다. 지리학자 니콜라스 크리스만Nicholas R. Chrisman은 "지리학자는 길을 잃는 법이 없다. 다만 예상치 않은 지리 탐사를 할 때가 있을 뿐이다"라는

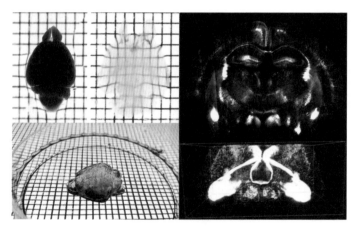

그림3-3 뇌투명화 기술. 왼쪽 위: 생쥐 뇌의 투명화 전후 비교. 투명화 이후 바닥에 있는 격자무늬가 보인다. 왼쪽 아래: 투명화된 뇌의 입체 사진. 오른쪽 위: 뇌 속에 있는 형광으로 표지한 뉴런들을 현미경으로 찍은 사진. 오른쪽 아래: 뇌 전체의 형광 뉴런 입체 영상. 출처: 고려대학교 의과대학 이보람 연구원 제공

　　　　　나는 뇌를 만들고 싶다

말을 했다. 아직 지식이 많지 않은 뇌를 연구하고 지도를 만들기 위해 노력하는 과정은 그 자체로서 대단한 탐사 과정이고, 예상치 않게 시작한 탐사들로 뇌를 더 많이 알게 될 것이라는 희망이 있을 뿐이다.

뇌 발달 지도

용도에 따라 여러 종류의 지도가 있듯이, 미니뇌를 만들기 위해 꼭 필요한 지도가 있다. 배아줄기세포로부터 미니뇌를 만들 것이기 때문에, 완성품의 자세한 모양도 알아야 하지만, '조립도' 비슷한 것이 필요하다. 프라모델이나 레고 매니아라면 잘 알겠지만 상자 바깥에 있는 아주 멋있는 완성품의 그림보다는 상자 속에 조악하게 들어 있는 조립설명서가 더 유용하다. 정확하게 미니뇌 조립도라 할 수는 없지만, 이와 비슷한 '운명지도fate map'*라는 것이 있다. 이름에서는 미래의 운명을 알아볼 수 있는 예언이 담겨 있는 지도 같은 판타지 느낌이 풍기지만, 발생학을 연구하는 사람들이 오랫동안 만들

---

*   '예정배역도' 또는 '원기분포도'라고도 한다.

어서 사용해온 지도이다. 간단히 말하면, 발생 초기에 있던 어떤 세포가 나중에 어떤 부분이 되었는지를 조금씩 관찰한 결과를 한데 모아 최초에 있던 한 개의 세포, 즉 수정란이 어떤 과정을 거쳐 결국 몸의 어떤 부위가 되었는지를 정리한 족보와도 같은 지도이다. 몸 전체가 작고 투명한 '예쁜 꼬마선충'이라면 자세히 들여다보는 것만으로도 운명지도를 만들 수 있겠지만, 몸이 불투명하고 포유류처럼 발생 과정 대부분이 자궁에서 일어난다면 관찰 자체가 매우 어려운 일이다. 이런 이유로 동물에 따라 운명지도의 자세함이 달라서, 꼬마선충의 경우 거의 완벽한 지도가 있고, 난생 동물들도 상당히 자세한 지도가 비교적 빨리 만들어진 반면, 포유 동물의 운명지도는 훨씬 더 최근에 들어서야 자세해졌다. 대신 포유 동물의 운명지도는 더 최근에 최신 기법으로 만들어졌으니, 서울 지하철 1호선보다 9호선 시설이 더 깔끔한 것처럼, 더 좋은 정보를 많이 가지고 있다. 운명지도를 만드는 대표적인 방법은, 바이러스를 미량 주입해서 그 바이러스에 감염된 세포들을 나중에 추적하는 방법이다. 이를 위해서 조금 특별한 바이러스를 사용하는데, 이 연구용 바이러스는 처음 주입시에는 동물 세포에 들어가 감염시킬 수 있지만, 2차 감염(즉 감염된 배아 세포로부터 새로운 바이러스가 만들어져서 주변의 세포를 다

나는 뇌를 만들고 싶다

시 감염시키는) 능력이 없다. 또한 이 바이러스는 감염된 세포의 핵에 있는 DNA에 끼어들어갈 수 있는 능력이 있다. 그리고 바이러스 감염 여부를 나중에 쉽게 관찰할 수 있어야 하니 형광단백질을 만들거나, 나중에 항체로 검출 가능한 독특한 항원단백질을 가지고 있어야 한다. 이렇게 복잡한 바이러스는 오랜 기간 동안 연구자들이 조금씩 개선하여 누구나 편하고 안전하게 사용할 수 있게 된 것이다. 사실 코로나나 메르스, 독감, 에이즈 등 무시무시한 질병이 모두 바이러스 감염으로 걸리는 것이긴 하지만, 바이러스는 이렇게 연구에도 활발하게 이용되고 있다. 우리가 원하는 유전자를 다른 세포에 넣어줄 수 있는 아주 좋은 트로이의 목마이기 때문이다. 바이러스를 이용해 세포의 운명을 탐지하는 방법에는 '세포계보 추적법lineage tracing'이라는 학문적인 이름이 붙어 있다. 다양한 발생 시기에 특정 부위에 바이러스를 주입해 얻은 결과들을 모아 포유 동물의 운명지도가 점점 더 풍부하게 완성되어 간다.

바이러스를 이용한 추적법은 운명지도를 만들 때뿐만 아니라, 뇌신경회로의 연결성을 밝히는 데에도 활발하게 사용되고 있다. 빌 게이츠와 함께 마이크로소프트사를 공동 창업했던 폴 앨런Paul Allen, 1953~2018이 세운 '앨런연구소Allen

Institute'는 신경계 연결망을 파악하는 연구를 하고 있다.* 이들은 뇌 데이터베이스를 만들어 모든 사람이 자유롭게 이용할 수 있도록 하는 것을 사명으로 삼고 있는데, 이렇게 만든 많은 데이터베이스 중에는, 바이러스를 마우스의 뇌 특정 부위에 주입한 뒤에, 그 바이러스에 감염된 뉴런이 어디에 있는 뉴런과 연결되어 있는지를 보여주는 뇌지도도 있다.[12] 이런 뇌지도는 뇌 부위 간의 연결 상태를 보여주는 좋은 참고 지도로 사랑받고 있다.

바이러스를 이용해서 뇌 발달 조립도를 만드는 방법은 몇 가지 약점을 가지고 있는데, 아무래도 물리적으로 바이러스를 특정한 뇌 영역에 감염시켜야 하기 때문에, 아주 작은 배아의 뇌라든지 미묘한 위치까지 다른 부분에 손상을 주지 않고 주입하기가 어렵다. 또한 감염 정도를 정밀하게 조절하기도 쉽지 않아서 실험한 개체마다 차이가 발생할 수밖에 없다. 이 문제를 해결하기 위해서는 보다 정밀한 방법이 필요하다. 그 대안으로 아예 배아의 유전자 조작을 통해 발생 초기 세포로부터 유래한 자손 세포들을 표지하는 방법이 있다. 이 방법은 발생 초기 일부 세포에서만 선택적으로 발현되는

---

* https://alleninstitute.org/

유전자를 조작하여, 특정 시기에 유전자 재조합이 일어나 재조합 이후부터 만들어지는 세포들 모두가 표지되도록 만드는 것이다. 유전자를 조작해서 발생 중 특정 세포로부터 만들어진 세포들은 모두 표지자(예를 들어 형광단백질)를 발현하게 만들 수 있다. 이런 방식을 통하여 분석해 보면, 뇌의 어떤 부위가 어떤 유전자를 발현하는 어떤 세포로부터 어떤 순서로 만들어지는지 자세히 알 수 있다. 이러한 계보 지도가 만들어지는 과정 동안, 발생 과정에 중요한 역할을 한다고 의심되는 유전자나 외부 인자, 환경 요인 등을 바꾸어 본 뒤, 이 계보의 운명이 바뀌는지 확인하는 조사가 대부분 함께 진행되기 때문에, 운명지도가 만들어지는 동시에 이 운명에 중요한 인자가 무엇인지에 대한 정보도 함께 쌓인다. 발생에 중요한 인자도 많고, 상황에 따라 검토해 보아야 할 일도 많기 때문에 단기간에 몇 명의 천재적인 연구자가 노력한다고 완성되는 것이 아니다. 이러한 지도 작성의 중요성에 동의하는 수많은 연구자가 참여하여 이 뇌 발생 조립도는 점점 더 정교해져 가고 있다.

이런 방법은 매우 정교하게 어떤 순서로 어떻게 우리 몸이 발생하는지 파악하는 데 좋긴 하지만, 유전자 조작을 해야 한다는 면에서 사람의 발생을 연구하기란 불가능하다. 그러므로 사람의 뇌 발생 지도를 만들기는 불가능할 수밖에 없고, 지금 알고 있는 정보들 거의 대부분은 사람 이외의 포유 동물 발생 과정에 근거한 것이다. 유구한 생명체의 진화 과정에서 사람의 뇌 역시 다른 포유 동물과 많은 유사성을 가지고 있기 때문에, 동물의 뇌 발달 과정에 대한 이해는 사람의 뇌 발달을 파악하는 데 당연히 큰 도움이 된다. 그러나 사람의 뇌는 다른 동물과 다른 여러 특징들이 있으며, 사람에게만 특이하게 나타나는 발달 과정을 파악하려면 동물 연구만으로는 한계가 매우 크다. 동물 연구를 통해서 알아낸 정보를 바탕으로 미니뇌를 만드는 것이기 때문에, 미니뇌가 잘 만들어진다는 것 자체가 동물과 사람의 뇌 발생이 얼마나 비슷한지, 그리고 우리가 사람의 뇌 발생에 대하여 얼마나 알고 있는지를 파악할 수 있는 시험대가 되기도 한다. 또한 다양한 수술적 처치나 유전자 조작, 약물 투여 등이 가능하기 때문에 동물의 뇌 발달을 뛰어넘어 사람의 뇌와 비슷하게 만들기 위한 각종 가설들을 테스트해볼 수도 있다. 인간에게 직접 적용해볼 수 없는 많은 실험이 미니뇌를 이용하면 가능하다는 점은 매우 중요하다. 동물의 뇌 연구를 통해 알아낸 방법으로 인간의 미니뇌를 만들어보고, 인간의 미니뇌를 이용해서 인간 뇌의 지도를 만들다 보면, 인간의 뇌를 더 잘 알아가게 될 것이다.

Our real teacher has been and still is the embryo,
who is, incidentally, the only teacher who is always right.

Viktor Hamburger

CHAPTER 4

뇌를 만드는
세가지 원리

"우리의 진짜 선생님은 언제나 옳은 유일한 선생님인 배아입니다."라고 말한 빅터 햄버거는 1900년에 태어나 격동의 20세기를 끝까지 살고 21세기가 시작될 때 타계한, 신경발생학계에서 존경받는 과학자이다. 그는 많은 업적을 남겼지만, 특히 달걀 속에 있는 배아가 발생하면서 일어나는 일을 연대기식으로 자세히 적어, 닭 배아를 이용한 연구자들이 참고할 만한 표준을 제공하였다. 많은 후학들이 빅터를 훌륭한 선생님으로 추앙하였다는 점을 생각해보면, 진짜 선생님은 자기가 아니라 자연에 있다는 말에서, 겸손한 그의 성품을 잘 느낄 수 있다. 4장에서는 미니뇌 만들기를 위해 알아야 할 발생학적 핵심 원리로 자기조직화, 국소 유도, 활성 의존 최적화. 이렇게 세 가지를 짚어보려 한다. 발생학의 간략한 역사도 함께 소개하겠다.

첫 번째 원리, 자기조직화

연구자들이 뇌 발달 조립도를 만들면서 알아낸 가장 중요한 원리 중 하나가 자기조직화라는 현상이다. 자기조직화self-organization 과정은 미니뇌를 만들기 위해 가장 중요한 첫 단계를 책임지는 원리이다. 자기조직화 개념의 핵심은 외부의 도움 없이 자체적으로 특정한 형식이나 패턴을 만들어 낼 수 있다는 것이다. 예를 들면 공작의 날개에서 관찰되는 정교한 패턴, 거북의 등껍질에서 보이는 문양 같은 것들이 자기조직화에 의해 만들어진 패턴의 예시이다. 사실 자기조직화는 생물체에서만 나타나는 현상이 아니라서, 다이아몬드의 아름다운 결정, 석영의 육각뿔, 우유 방울이 떨어지면 일어나는 왕관 모양도 전형적인 분자들의 자기조직화 결과이다. 이러한 물질의 자기조직화 과정은 분자들이 가진 물리화학적인 원리에 입각하여 일어난다. 미시적인 분자들의 활동과 힘의 역동성이 거시적으로 거대한 패턴을 만들어 내는 것이다. 물질 세계에서의 자기조직화 과정은 워낙 흔하고 매우 익숙하기 때문에, 대부분의 사람들은 그리 신비하다는 느낌을 갖지 않는다. 하지만 많은 사람들이 동식물의 정교한 구성이나 문양을 보면서 생명의 신비를 느낀다. 이러한 신비로움이 저절로 생겨났다고 생각하기 어렵기 때문에, 흔히 '지적 존재에 의한 설계'니 '신의 작품'이니 하는 설명을 붙이기도 한다. 그러나 생명체의 자기조직화 역시 그 근원을 따지고 들어가면 우리 몸을 구성하는 분자의 물질적 특성에 기원하여 일어나는 일이다. 이는 증명된 사실이다. 과학자들은 설명과 증명을 구분하여 생각하도록 훈련받는데, 그럴듯한 설명을 '가설'이라 부르며 이 가설이 엄격한 통제 아래 다른 가능성이 거의 완벽하게 배제된 상태로 진행된 실험을 통하여 입증되었을 때 이를 증명되었다고 한다. 우리가 알고 있는 상식 중에서도 정말 많은 부분들이 과학적으로는 아직 증명되지 않은 그럴듯한 설명, 즉 가설의 상태로 남아 있다. 사실 무언가 증명한다는 게 사회적 자원(연구비, 인력 등)이 아주 많이 드는 일이어서, 굳이 증명할 필요 없는 일들은 대략적으로 설명하고 넘어가고 있는 셈이다. 과학자의 호기심과 정보의 사회적 필요성에 대한 균형을 어떻게 맞추어야 하는지 끝없는 논쟁이 과학의 발전과 함께 진행되고 있다.

단일 분자가 거시적인 인체 전체에 영향을 주는 것은 증명된 사실이라 말했지만, 정말 그런지 의심하는 독자가 분명 있을 것이다. 그러나 생물학자들에게 이는 완전히 상식이라서, 유전자상에 단 한 개의 염기서열 변화가 생겨도 경우에 따라서는 다양한 질병이나 인간의 성격 등 특질에 영향을 준다. 좀 더 극적인 예시라면 발생과 진화 과정에서 찾아볼 수 있다. 많이 회자되는 예시 중 하나는, 심장이 왜 왼쪽에 있는지와 관련되어 있다. 키네신이라는 단백질의 변성이 심장을 왼쪽에 있지 않게 하는 현상이 우연한 기회에 관찰되었다. 원래 이 키네신 단백질은 세포의 섬모에 분포하는 단백질인데, 섬모는 세포의 표면에 위치하는 말미잘의 돌기 같은 작은 구조물로, 체액의 흐름을 만든다거나 하는 중요한 역할을 한다. 그런데 키네신은 섬모에 위치하여 섬모가 한 방향으로 움직이는 데 기여한다. 이는 키네신이 세포 속에 있는 미세소관 microtubule이라는 아주 작은 파이프 같은 구조물에 붙어서 한 방향으로만 이동할 수 있기 때문에 일어나는 현상이다. 이 키네신 분자에 돌연변이가 생기면 모양이 미묘하게 흐트러져 섬모가 제대로 움직이지 않게 될 텐데, 이 키네신이 관장하는 섬모가 특히 배아에서 심장이 형성되는 곳에 많이 분포한다. 키네신에 의한 섬모 운동이 망가지면 심장이 꼭 왼쪽에 있는 것이 이니라 오른쪽 왼쪽 무작위로 위치하였다. 이러한 관찰을 바탕으로 섬모가 한쪽 방향으로 체액의 흐름을 만들어 내는 바람에 심장의 위치를 결정하는 인자가 왼쪽으로 치우쳐 작동하게 되고, 이에 따라 심장의 발생 위치가 왼쪽으로 정해진다는 사실을 알게 되었다.[13]

생물학적 자기조직화의 가장 대표적인 사례는 배 발생 그 자체이다. 온도만 맞추어주면 알에서 병아리가 나오는 과정을 자기조직화 이외에 어떤 말로 설명할 수 있을까. 배 발생 과정을 조금 더 미세하게 살펴보면, 개체의 발생은 정자와 난자가 만나서 단 한 개의 세포로 이루어지는 수정란에서 출발한다. 하나의 세포인 수정란이 세포분열을 하고 개수를 늘린다. 늘어난 세포들은 거의 모두 비슷한 특성을 가진 세포이다. 이렇게 동일한 종류의 세포가 개수만 불어나는 단순한 조건에서도 자기조직화는 일어난다. 완전히 동일한 세포들이 뭉쳐져 있더라도, 덩어리의 표면에 위치하게 된 세포와 안쪽에 있는 세포는 서로 다른 환경에 놓여지게 된다. 표면

나는 뇌를 만들고 싶다

의 세포는 바깥을 향하고 있어서 외부 환경에 좀 더 많이 노출될 것이며, 안쪽 세포는 바깥쪽 세포에 비해 다른 세포들에 더 많이 둘러싸인다. 세포는 세포-세포간 접촉이나 외부 용액 속에 있는 물질에 반응하게 되는데, 표면에 있는 세포와 안쪽에 있는 세포는 원래는 같은 세포였더라도 그 위치에 따라 받을 수 있는 정보 또는 신호의 양이 다르다. 미세한 차이지만, 초기 배아를 이루는 세포는 매우 민감한 세포라, 이 정도의 차이에도 반응하여 서로 다른 종류의 세포로 분화되는 선호도를 갖게 된다. 보통의 세포라면 이 정도의 작은 차이에는 반응하지 않고 각자의 유전자 발현 상태가 안정적으로 유지되는데, 이는 후성유전학적 변성*에 의해서 각각의 세포가 발현할 수 있는 유전자의 종류가 한정되어 버리기 때문이다. 반면 초기 배아에 있는 세포들(일종의 줄기세포이다)은 아직 후성유전학적인 변성이 덜하기 때문에, 작은 신호들에 민감하게 반응할 수 있다. 이 과정을 '대칭 붕괴symmetry breaking'

---

* 보통 유전학은 유전 물질인 DNA의 차이에 주목한다. 즉 유전자를 구성하는 DNA 염기서열 차이가 유전적 차이에 미치는 영향을 중시하는 것이다. 반면 후성유전학은 유전 물질을 둘러싸고 있는 환경의 변화에 따라 유전자의 발현 정도가 바뀌는 과정에 좀 더 주목한다. 후성유전학적 변성은 그 범위가 아주 넓긴 하지만, 염기서열의 메틸화와 같은 DNA의 화학적 변성, DNA와 직접 결합하고 있는 단백질인 히스톤의 변성 등이 가장 대표적이다.

라고 부른다. 비슷한 것들이 모여 있다가 노이즈처럼 보이는 여러 신호가 모여져서 갑자기 새로운 특성을 보이는 현상을 잘 표현해 주는 용어이다. 이 대칭 붕괴 현상은 생물학적 자기조직화를 이루는 데 있어 가장 핵심적인 과정이다. 이러한 원리를 이용해서 배아줄기세포를 배양하면서 적절한 외부 신호를 주게 되면, 대칭 붕괴가 일어나게 되므로, 자기조직화 과정을 거쳐 미니뇌가 만들어진다. 흡사 도미노를 톡 치고 난 이후 놀라운 과정이 자동으로 진행되는 연쇄반응과도 같다. 앞서 줄기세포가 다분화능력을 가지고 있으며, 발생이 진전될수록 점진적으로 줄기세포가 약간씩 그 능력을 잃어버려서 특정 계보의 세포 집단을 만든다고 설명하였다. 이는 결국 외부 신호에 대한 분화 반응성이 제한된다는 뜻으로, 후성유전학적 변성과 크게 관련되어 있다. 그렇기 때문에 이미 분화된 세포를 되돌려 줄기세포로 만드는 역분화 과정을 연구하는 연구자들이 후성유전학적 변성에 집중해서 그 과정을 들여다보고 있으며, 이 기술을 처음으로 만든 일본 교토대학의 야마나카 신야 교수는 후성유전학적 변성을 되돌리는 능력을 가진[처음 이 기술을 만들 때만 해도 이러한 사실을 잘 알지 못했지만] 네 가지 핵심 유전자의 발현을 높이는 과정을 통하여 성공할 수 있었다.

자기조직화를 설명하면서 좀 더 생각해 봐야 할 문제가 있는데, 바로 형태에 관한 것이다. 배아의 형태는 세포의 응집, 이동, 성장 등에 의해서 결정된다. 이들 각각의 요소는 줄기세포가 분화하는 동안 적절하게 자기조직화를 이루면서, 특정한 형태가 완성된다. 세포의 응집은 세포-세포 결합에 의해 주로 매개된다. 세포가 자기들끼리 뭉치는 이유는 세포-세포 결합을 매개하는 막단백질을 발현하기 때문인데, 이에 관여하는 단백질의 종류는 상당히 많긴 하지만 이들 중 대다수가 동일한 종류의 단백질을 발현하는 세포끼리 붙어 있게 한다. '같은 종류'의 세포라는 것은, 결국 거의 비슷한 종류의 단백질을 발현하고 있는 세포라는 의미이니, 세포-세포 결합을 일으키는 단백질의 종류도 같을 것이다. 그러므로 같은 종류의 세포들은 서로 뭉치게 되고, 대칭 붕괴가 일어나면, 서로 다른 종류의 세포가 약간 다른 세포-세포 결합 단백질을 발현하게 되면서 서로 다른 집단으로 나누어지게 된다. 다른 세포끼리 나뉘는 것만으로는 복잡한 형태 형성을 설명할 수 없는데, 이를 좀 더 이해하기 위해서는 '세포 극성cell polarity'이라는 개념을 이해해야 한다. 조금 입체적인 상상이 필요한데, 세포들이 덩어리져 있을 때에 표면에 있는 세포라면 한쪽은 외부로 노출되어 있으며, 반대쪽은 세포와 붙어 있다. 이렇게 개별 세포를 놓고 보면, 노출된 면과 세포와 접하고 있는 바닥면이 있게 된다. 뿐만 아니라, 세포의 옆면은 비슷한 입장에 있는 세포의 제일 바깥층과 접하게 된다. 이 상황에서 세포-세포 결합이 일어나는 세포의 옆면에 세포-세포 결합 단백질이 더 많이 분포하게 된다. 한편 외부로 노출되어 있는 쪽에는 그 분포가 상대적으로 적을 것이다. 이렇게 단백질이 서로 다른 위치에 분포하게 되는 것은 물리화학적 친화성affinity에 의해 결정되는 물질적 현상의 결과이다. 이러한 세포 극성은 대칭 붕괴의 결과로 만들어진 다른 세포들이 층을 이루고, 방향성을 갖게 해 준다. 실제 세포는 3차원에 존재하므로 세 방향으로 모두 극성을 띨 수 있으며, 세포-세포 결합 단백질뿐만 아니라 극성을 일으키는 단백질, 극성에 영향을 받는 단백질은 매우 많다. 우리 몸을 구성하는 세포의 종류와 복잡성을 생각해 보면 많은 게 당연하다. 종류와 기능은 많지만, 물리적 원칙에 입각하여 작동해야 하는 부품(단백질)으로 이루어진 게 세포이며, 우리 몸이다. 뇌 역시 정교한 부품으로 되어 있는 장기이며, 그런 측면에서 우리의 생각과 정신 세계 역시 물리적 반응의 결과물이다. 한편으론 아쉽지만 그러하다.

배 발생 초기에 대칭 붕괴와 세포 극성화가 이루어져 층이 나뉘고 세포 집단이 적절한 모양을 잡는 것이 핵심적인 과정이라면, 그 이후로는 세포들이 이동하기도 하고 서로 다른 속도로 분열해서 숫자가 늘어나는 과정이 진행되면서 자연스럽게 배아의 모양이 잡히게 된다. 이에 더해져 앞서 설명한 세포의 분화 과정이 동시에 일어나기 때문에, 형태 형성 과정 중 적절한 위치에서 서로 다른 종류의 세포 집단이 새로 만들어지고 이들이 서로 상호작용을 하면서 배아는 정교하게 발생된다. 몸의 일부인 뇌는, 신경관이라는 구조가 만들어진 후, 신경관의 앞쪽이 팽창해서 뇌가 되고, 뒤쪽은 척수가 된다.

앞에서 뇌 설계도라는 용어를 사용하여 뇌의 구성과 형성 원리를 언급하긴 했지만, 자기조직화라는 개념을 이해하고 나면, 뇌 설계도라는 용어는 설계의 주체인 지적 존재, 즉 창조자가 있다는 인상을 주게 된다는 점에서 조금 부적절해 보인다. 설계에 의해 뇌가 만들어진다기보다는 줄기세포가 가진 자기조직화 능력이 방해받지 않고 구현될 수 있는 환경을 연구자가 고안해 내야 하고, 이렇게만 하면 본래 줄기세포가 가진 능력이 발휘되어 미니뇌가 만들어지는 것이다. 그래도 이런 환경을 알아내고 그에 맞는 여건을 만들어 주는 게 워낙 까다로운 일이다 보니, 연구자의 노고를 잊지 말자는 의미에서라도 뇌 설계도에 따라 미니뇌를 만드는 것으로 생각해 두자.

간략한 발생학의 역사

이쯤에서 간략한 발생학의 역사를 소개할까 한다. 모든 일에는 역사가 있지만, 발생학은 개체의 역사를 다루는 학문이어서 그런지, 관습적으로 역사적 맥락을 더욱 중시한다. 역사적 맥락을 조금 알고 나면, 과학자들이 어떻게 이런 생각을 시작했는지 이해하는 데 도움이 된다. 역사적 흐름을 먼저 파악하고 나면, 두 번째 원리인 유도 현상을 이해하는 데에도 도움이 될 것이다.

물리나 화학의 발전과는 달리 생물학 연구는 좀 더 늦게 발달하기 시작하였다. 생명체는 워낙 복잡하기 때문에, 생명현상을 일으키는 원리의 발견에 앞서, 다양한 생명체를 자세히 관찰하는 데만도 오랜 시간이 걸리기 때문이기도 하고, 생명현상을 분석할 방법을 알아내는 데 더 많은 정보와 기술의 축적이 필요했다. 찰스 다윈이 『종의 기원』을 발표한 것이 1859년이었고, 멘델의 업적으로 유전학의 원리가 밝혀지게 되고 수학적으로 계산 가능한 생명현상이 처음 발표된 것이 1865년이었다. 이 두 사건이 생명을 바라보는 사람들의 관점을 뿌리부터 바꿔놓았다. 생명체의 발생 과정을 다루는 발생학적 연구는 생물학 중에서도 특히 어려운 연구 분야였다. 작은 배아를 관찰해야 하니 아무래도 자세히 들여다보는 것 자체가 어렵지 않겠는가. 초기 생물학적 연구는 자세히 관찰하는 것이 주된 방법이었으나, 이후 개구리, 도롱뇽 등 양서류의 알을 대상으로 해서 할구를 나누어 본다거나 찔러서 죽여 본다거나 하면서, 이러한 과정이 배 발생에 어떤 영향을 주는지 실험해 보는 방법이 유행하면서, 소위 '실험태생학 experimental embryology'이라는 하나의 흐름이 탄생하였다. 점차 단순히 배 발생을 관찰하는 것에서 벗어나 인위적(수술적)인 조작을 가한 후에, 조작을 가하지 않은 집단과 비교해 볼 때 어떤 차이가 나는지 비교해 보는 방법으로 연구가 진행된 것이다. 이러한 방법을 통해, 초기 배아에서 세포분열(난할)이 일어나 여러 개의 세포(할구)로 나뉘어졌을 때 각각이 어떤 능력을 가지고 있는지에 대한 이해도가 높아졌다. 대부분의 동물에서 난할을 거쳐 만들어진 초기 세포의 운명은 아직 완전히 결정되지 않았으며, 조절 가능하다는 것을 알게 되었다. 동물 종에 따라서는 초기 난할 과정 동안 이미 할구의 운명이 결정되는 경우도 있었다. 이런 경우 각각의 할구가 몸의 특정 부분이 되도록 결정되어 버렸으니, 흡사 모자이크처럼 다른 운명을 가진 할구가 뭉쳐져 있는 상태라는 의미로 모자이크란이라고 불렀다. 현대의 시각에서 모든 생명체의 발생은, 초기의 세포가 갈수록 능력이 제한되고 그 계보가 형성되는 일련의 과정 중에 있는 것이기 때문에, 점진적으로 조정 가능한 상태에서 모자이크처럼 특정 운명이 결정된 상태로 전환되는 것으로 이해할 수 있다. 이렇듯 전체로 통합된 사실을 모르다 보니, 관찰한 단편적인 사실을 토대로 전체를 설명하려 하게 되고, 그 결과 나중에 알고 보면 단순한 설명을 두고서도 논쟁의 역사가 만들어진다는 설명을 이미 하였는데, 이것이 과학의 본질인 만큼 여기저기서 비슷한 사례를 찾아볼 수 있다.

이러한 실험태생학적 전통 아래, 독일의 걸출한 과학자인 한스 슈페만Hans Spemann은 1920년대에, 대학원생이었던 힐데 만골드Hilde Mangold와 함께, 과학사에 길이 남은 대단한 연구를 하였다. 19세기 후반에 실험발생학의 연구방법론이 정립된 이래, 초기 발생을 중심으로 연구가 상당히 진행되었고, 슈페만이 연구를 할 때쯤에는 후기 발생에 관한 주제를 좀 더 연구하게 된다. 슈페만이 관심을 가졌던 것은, 배아에서 대칭 붕괴가 일어난 후에, 이들이 배엽이라는 서로 다른 세포층을 이룬 다음에 진행되는 과정이었다. 자세히 관찰해 보니, 나중에 중배엽이 되어야 할 조직(원구배순)의 바로 위층에 있는 외배엽층이 저절로 신경관이 된다는 사실을 알게 되었다. 이들은 이 예정 중배엽 영역이 외배엽의 일부를 신경관으로 만드는 것이 아닌가 의심하게 되었고, 이 예정 중배엽 영역을, 보통은 신경관이 되지 않을 곳으로 옮겨보았다. 그랬더니 예정 중배엽 영역을 이식한 곳에 있던 외배엽이 신경관

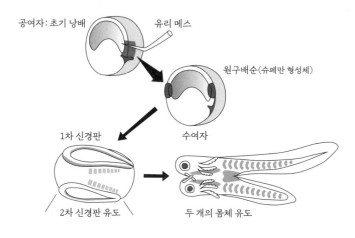

그림4-1 슈페만-만골드 형성체 실험*

* 공여자 도롱뇽의 알로부터 원구배순을 유리 메스를 이용해 미세하게 도려낸 후, 수여자 도롱뇽 알의 원구 반대쪽, 즉 신경판을 형성하지 못하는 외배엽 부위로 조심스레 이식하였다. 이후 수여자 도롱뇽 알은 발생이 진행되면서 원래 원구배순이 있던 곳에서 하나의 신경판(1차신경판)이 형성된 것은 물론, 공여자로부터 원구배순을 이식받은 곳에서도 새로운 신경판(2차신경판)이 만들어져, 결국 두 개의 몸체를 가진 도롱뇽이 발생하였다.

으로 발생하여, 결국 머리가 두 개 달린 도룡뇽이 생겨남을 관찰하였다. 놀라운 점은, 이식했던 예정 중배엽 자체가 신경계가 되는 것이 아니라 주변 외배엽에게 '신경계가 되어라'라는 명령만 내렸다는 것이다. 이런 명령을 받아서 외배엽이 신경계가 되었기 때문에 이를 '유도induction' 현상이라고 이름 붙였다. 이후 수십 년간 발생학 연구의 중요한 한 축은 이 유도 현상의 생물학적 실체를 밝히는 것이 되었다.

이 유도 현상은 세포와 세포의 관계에서 일어나는 과정으로, 전통적인 실험발생학자들이 이룬 가장 중요한 업적의 하나로 여겨진다. 그러나 20세기 중반으로 넘어오면서, 유전자의 본체가 DNA임이 밝혀지게 되고 DNA의 복제, 전사와 같은 분자 수준에서의 해석이 가능해짐에 따라, 다윈과 멘델이 만들어 냈던 생물학의 패러다임은 마치 뉴턴의 고전역학이 양자역학으로 바뀌듯이 분자생물학으로 완전히 전환되었다. 즉 생물학의 핵심에 유전학이 자리잡게 되면서, 발생학적 연구의 흐름도 세포와 세포 간의 관계 파악을 주 목표로 하는 실험태생학으로부터 세포 내에 존재하는 유전자의 발현 변화에 따른 세포의 분화 과정을 이해하고자 하는 소위 '발생유전학developmental genetics'이라는 새로운 기조로 변화된다. 이후 두 학문적 뿌리가 통합되어 현대의 '발생학developmental biology'이라는 학문 분야로 정립되었다. 따라서 발생학은 세포가 가진 고유 특성(발생유전학적 원리)과 세포와 환경 사이의 상호작용(실험태생학적 원리)을 두 가지 큰 핵심 요인으로 보고, 이 두 원인이 어떻게 작용하여 개체의 발생을 일으키는지를 알아보는 학문 분야라고 할 수 있다. 여담이지만 실험태생학은 유럽에 뿌리를 두고 있으며, 발생유전학은 분자생물학 태동 이후 미국을 중심으로 한 연구 기조이다. 실제 유럽인들은 족보를 중시하니 유전학적 중요성을 더 강조할 것 같고, 미국인들은 이웃과의 유대 관계를 중시하니 환경적 요인의 중요성을 더 강조하는 문화를 가지고 있을 것 같은데, 실제 연구의 태동은 반대로 이루어졌다고들 한다.

족보 이야기를 좀 더 해보면, 한스 슈페만의 제자 중 한 명인 빅터 햄버거는 신경계의 발생에 관한 내용으로 박사학위를 받은 후 독일에서 교수직을 시작하였으나, 잠시 시카고에 와서 연수를 하는 도중 나치가 빅터의 유대인 혈통을 문제 삼아 교수직을 박탈하는 바람에, 미국으로 망명 아닌 망명을 하게 되었다. 빅터는 결국 미국이 신경발생 연구를 주도하는 데 가장 큰 공헌을 하게 된다. 빅터는 이탈리아의 과학자인 리타 레비몬탈치니Rita Levi-Montalcini를 동료로 초청하여, 훗날 신경 성장 인자 발견의 공로로 노벨상을 받게 되는 데에 조력자 역할도 하게 된다. 스승과 제자는 각기 노벨상을 받았는데 정작 빅터 햄버거는 노벨상의 영예를 누리지 못한 것을 두고 아쉬워하는 사람이 많았지만, 빅터 본인은 이 문제에 대하여 담담했다고 한다. 필자가 신경발생학에 관심을 가졌던 가장 큰 계기도 대학교 2학년 때 발생학 강의에서 한스 슈페만의 실험을 들었던 것이다. 이후 그 강의를 하셨던 김경진 교수님의 연구실에서 학위를 한 뒤에 완전히 잊고 지내다가, 미국에서 박사후 연수를 하게 된 곳이 로날드 오펜하임Ronald Oppenheim 교수 연구실이었다. 오펜하임 교수가 빅터 햄버거 교수의 말년 제자 중 한 명이라는 것을 알고 놀랐던 기억이 난다. 한스 슈페만의 학문적 족보*에 따르면, 필자는 슈페만의 증손자뻘쯤 된다. 노벨상을 한 세대 건너 한 명씩 받았으니, 필자의 제자 중에서도 노벨상 수상자가 한 명 나왔으면 싶다.

이야기가 좀 길어졌지만, 실험태생학 연구가 발생유전학을 거쳐 다시 실험태생학 전통을 이어받은 연구로 확장된 것의 총아가 현재의 미니뇌 연구이다. 발생유전학은 미국을

---

* NeuroTree 홈페이지
  https://neurotree.org/neurotree/tree.php?pid=6459 참조.

중심으로 발전하여 왔고, 실험태생학은 아직 유럽이 과학의 중심이던 시절의 학문이다. 현재의 미니뇌 연구에서 유럽 연구자들이 특히 두각을 나타내고 있는 것을 보면 수백 년의 역사를 무시할 수 없다는 점을 다시 한 번 생각하게 된다.

두 번째 원리, 유도와 국지적 발생

앞서 보았던 것처럼, 유도 현상은 양서류의 알을 이용해서 발견하였으며, 그 핵심은 주변에 있는 조직에서 유래하는 신호에 의해 새로운 발생학적 운명이 결정된다는 것이다. 유도 현상은 두 가지 특징을 가진다. 먼저 유도는 한 번만 일어나는 것이 아니라 연쇄 반응으로 일어난다. 이 개념은 왜 유도가 발생학의 가장 중요한 원리가 되는지를 설명해 준다. 아주 초기에 대칭 붕괴가 일어나고 나면, 서로 다른 종류의 세포 집단이 생기게 되고, 이들이 각각 서로에 대하여 유도를 일으킬 수 있는 능력이 있다면, 두 종류의 세포는 최대 네 종류의 세포 집단으로 분화할 수 있다. 이들이 다시 또 다른 종류의 세포 집단을 유도할 능력이 있다고 가정한다면, 결국 2의 배수에 따라 기하급수적으로 세포의 종류가 늘어날 수 있다. 이렇게 유도 개념을 적용하면 어떻게 단일 세포가 복잡한 개체를 자기조직화할 수 있는지 설명 가능하다. 이러한 발생의 원리를 파악하기 전까지 사람들은 정자 안에 미세한 인간이 숨어 있어서, 난자와 만나면 남성의 정기가 개체로 발생하게 되는 것이 아닌가 하는 상상을 했었다고 한다. 이를 소인, 또는 호문쿨루스 가정이라고 하는데, 당연한 이야기이지만 이는 무한한 논리 모순에 빠진다. 호문쿨루스의 정자 안에는 다시 호문쿨루스2가 있어야 하고, 그 호문쿨루스2의 정자 안에는 다시 호문쿨루스3, 호문클루스4,...,호문쿨루스n이 있어야 하니 말이다. 이러한 가정이 말이 안 된다는 생각은 과거의 학자들도 할 수밖에 없었을 텐데, 이 난제를 해결할 수 있는 새로운 개념이 바로 유도였다. 유도 개념을 좀 더 곱씹어 보면, 발생 과정 전체를 관장하는 마스터가 존재할 필요가 없음이 설명된다.

호문쿨루스라는 말의 기원은 유럽의 연금술사였던 파라켈수스가 쓴 『*De Natura Rerum*(물의 본성에 대해)』라는 책에 나오는, 여러 가지 물질을 반죽하여 사람을 만들어 냈다는 이야기에서 유래했다고 한다.[14] 이 내용을 잘 들여다보면 미니뇌 만드는 기술과 매우 닮아 있다. 여러 가지 재료를 넣고 플라스크에서 키우면서 뇌를 만들어 내니까 말이다. 연금술이 당시의 화학적인 여러 가지 정보를 신비적인 요소와 결합하여 만들어 낸 술법이었다면, 당시 연금술사들이 상상했던 것을 이제는 과학적인 방법을 통해 해결할 수 있는 시대에 와 있다. 그때보다 조금 더 이성적인 세상이 되어 있는 것이다. 미니뇌를 만드는 과정을 읽고 있는 독자들도 뭔가 신기하다고 생각할 수 있는데, 과학자들은 이 신기함을 이해 가능한 일상적인 과학적 현상으로 사람들이 받아들이길 바란다. 이러한 소통이 과학의 진전과 사회의 발전을 일으킬 것이라고 생각하니까.

사실 유도 현상이 발견된 것은 1920년대였지만, 유도 현상을 일으키는 생물학적 물질이 무엇인지는 1998년에 이르러서야 발견되었다. 70년도 더 지나도록 이 신비가 풀리지 않았던 이유는, 이 문제를 해결할 만한 방법이 없었기 때문이다. 처음 이 유도 현상을 발견한 뒤에, 신경계 유도를 일으킬 수 있는 물질이 무엇인지 알기 위하여 여러 연구자들이 이런저런 물질을 처리해 보았는데, 그런 효과를 일으키는 물질이 너무 많아서 뭐가 뭔지 잘 모르게 되어버렸다. 나중에 알고 보니, 배아의 외배엽은 신경계로의 유도가 억제되어 있는 상태에 있는데, 이 억제 상태에서 탈출하게 만드는 물질이 바로 유도를 일으키는 물질이었던 것이다. 그렇기 때문에 실험적으로 처치하는 과정에서, 예를 들자면 이후 신경계가 될 외배엽 부분을 배아로부터 분리하는 것만으로도 신경계가 될 수 있을 정도로 불안정한 상태에서 실험을 하였던 것이다. 이후 슈페만의 유도 물질이 무엇인지 알기 위해서는 최소한 세 가지 특성을 가져야 한다는 점이 명확해졌다. 먼저 신경계 유도 현상은 시공간적으로 정해진 곳에서만 일어나므로, 유도 물질이 중요한 시간과 장소에서 특이적으로 존재함이 증명되어야 한다. 그리고 이 물질을 처리하면 신경계가 유도되는 활성을 보여야 하며, 마지막으로 이 물질을 없애면 신경계의 유도가 억제되어야 한다. 이 세 가지를 증명하기 위한 실험 기술이 충분히 성숙되기까지 70여 년을 기다려야만 했던 것이다. 이런 문제를 해결하려면, 유전자로부터 유도를 촉진하는 단백질을 만들 줄 알아야 했고, 유전자를 마음대로 조작하여 발현량을 높이거나 낮출 수 있는 기술이 만들어져야 했고, 배아에서 유전자 발현을 민감하게 조사할 수 있는 기술이 있어야 했다. 이러한 방법을 총동원하여 최초로 밝혀진 유도 물질은 노긴noggin이라는 이름의 단백질이다. 이후 비슷한 효능을 가진 단백질이 몇 개 더 밝혀지면서, 슈페만이 관찰했던 신경계 유도 현상이 좀 더 정확하게 어떤 과정을 거쳐 일어나는지 알게 되었는데, 결국 유도 현상의 발견 이후 그에 대한 분자적 기전을 밝히는 데에만 거의 100년을 소모하게 된 셈이다.

유도 개념을 좀 더 살펴보면, 가까이 있는 조직들끼리 상호작용을 일으켜 새로운 세포 집단을 형성한다는 것이므로, 각 장기 부분 부분이 국지적으로 유도되어 형성된다는 뜻이다. 실제 배 발생은 이런 과정을 통해 일어나기 때문에, 배 발생 과정에 이상이 생기는 경우 그 부위에만 장애가 한정되어 있는 경우가 많다. 예를 들면 '무뇌아'라는 무시무시한 기형을 들어보았을 것이다. 이 기형은 유전적 원인 또는 우연적인 사건에 의해 정상적으로 뇌 발달이 이루어지지 못해, 뇌를 만들어야 할 초기 뇌조직이 제자리에 있지 못하고 흘러나와 버리기 때문에 일어나는 현상이다. 무뇌아의 사진을 찾아보면, 더 놀라운 것은 뇌는 없지만 얼굴도 있고 약간 이상한 점은 있을지언정 팔다리도 있다. 이러한 점은, 얼굴의 발생과 뇌의 발생이 서로 독립적임을 설명해준다. 슈페만의 실험에서도 다른 도롱뇽의 알로부터 유도를 일으킬 수 있는 능력이 있는 부위를 빌려다가 이식하여, 원래는 가까이 있지 않을 두 부위를 가깝게 하고 보니 새로운 신경축 하나가 통째로 만들어졌다. 이는 실험적인 증명을 위해 극적인 요소를 첨가한 인위적인 과정이다. 이 정도로 강력한 발생적 변화가 생기면 이를 견디고 살아남기 어렵기 때문에, 자연 상태의 실제 사례들에서는 이보다는 덜 극단적이지만, 관찰 가능한 정도의 발생상의 장애가 발견된다. 그러나 이렇게 일회적으로 우연히 발달 장애가 일어난 경우, 이미 시간이 흘러 발생 이상이 일어난 이후에야 관찰이 가능하므로, 시간을 되돌릴 능력이 없는 한 원인을 정확히 파악하기는 매우 어렵다. 그러니 대부분의 경우는 원인을 모르고 지나치게 되지만, 비슷한 현상이 반복적으로 관찰된다면 그 이유를 알아내기가 좀 더 쉬워진다. 유전자에 돌연변이가 생겨서 일어나는 유전병은 대대로 반복적으로 관찰되므로, 그 원인을 파악하기에 유리하다. 또 다른 경우로는 유도 현상을 일으키는 데 중요한 역할을 하는 단백질의 활성을 교란하는 약물이나 약초 같은 것을 먹었을 때 일어나는 기형 발생이 있다. 외눈증(키클롭스)이 소닉헤지호그 sonic hedgehog*라는 단백질의 기능 교란에 의해 일어난다는 것은 잘 알려진 사례이다. 이 소닉헤지호그는 발생 과정 중 일어나는 다방면의 유도 과정에서 활약하는 단백질인데, 앞서 미세섬모가 한 방향으로 흐름을 만들어 심장이 왼쪽에 위치하게 된다는 내용에서 보았던, 실제 왼쪽으로 많이 흘러가서 심장을 유도하는 바로 그 물질이다. 또한 신경계의 배쪽** 을 유도하는 데 중요한 인자이기도 하다. 또한 눈이 만들어질 때도, 귀가 만들어질 때도, 손가락이 만들어질 때도 중요하

게 작동한다. 이렇게 하나의 인자가 여기저기 돌려막기로 유
도 과정에 참여하기 때문에 대개의 경우 한 군데에 기형이 생
기면 다른 부분에도 함께 문제가 발생하는 경우가 많다. 생물
학에서 이런 돌려막기는 아주 일반적이다. 사실 발생뿐만 아
니라 다 자란 후에도 우리 몸이 해야 하는 그 많은 일들을 3만
개 내외의 유전자가 다 담당해야 하니, 돌려막기 없이는 가능
하지 않을 것이다. 유전자들은 일종의 레고 블록처럼 작동하
여, 여러 단백질들이 합쳐져서 일어나는 생물학적 현상에 두
루두루 관여한다. 과거에도 이런 생각을 했었겠지만, 사실 한
번에 유전자 한두 개를 볼 수 있는 방법으로는 생명체 전체의
반응 양상을 파악하기 어렵기 때문에 가설로 남아 있었을 뿐
이다. 그러나 지금은 인간 유전자 발현 양상 전체를 간단하게
한 번에 파악하고 이 정보를 분석하는 방법이 매우 발달되어
있어서, 심지어는 우리 몸을 구성하는 세포 하나하나가 가진

---

* 게임 매니아라면 알 만한, 세가SEGA에서 만든 게임에 나오는 캐릭터, 수퍼
소닉에서 따온 이름이다. 이 유전자가 망가진 초파리 모양이 고슴도치 비
슷하게 된다 해서 붙여진 이름이라고 한다.

** 사람이 어떤 자세를 하느냐에 따라 상대적인 위치가 달라지기 때문에 몸
의 등쪽과 배쪽이라는 표현을 학계의 공식 용어로 사용한다. 우리 몸에서
배꼽이 있는 쪽이라고 생각하면 된다. 사람의 머리는 콩나물처럼 휘어져
있으니까, 뇌의 배쪽은 사실상 뇌의 아래쪽이 된다.

유전자 발현 정보를 얻을 수도 있다. 1만 개의 세포에서 1만 개씩 유전자를 읽게 되면 1억 개의 정보가 한 번에 나온다. 이 정보는 당연히 사람이 보고 뭔가 영감을 얻을 수 있는 정도의 숫자가 아니기 때문에, 이 정보의 해석을 위해서는 컴퓨터가 필수적이다. 이런 과정을 거쳐 비로소 좀 더 구체적으로 어떻게 유도 현상이 일어나게 되는지를 단일 세포 수준에서 파악할 수 있다.

소닉헤지호그를 억제하는 물질을 많이 가지고 있는 익시아Corn lily라는 풀이 있는데, 이 풀 속에 들어 있는 사이클로파민Cyclopamine이라는 물질이 소닉헤지호그가 작용하는 것을 막기 때문에, 임신 중인 양들이 이 풀을 뜯어먹게 되면 외눈박이 양을 낳는 경우가 많았다. 이렇게 발견된 사이클로파민은 소닉헤지호그가 관여하는 다양한 암을 치료하는 약으로 개발되었다. 앞서 본 대로 소닉헤지호그가 두루두루 사용되니, 임신 중인 여성한테는 사용하면 안 되겠지만, 적절한 용도로 사용하면 약이 되는 것이다.

유전자의 변화가 유도 과정을 변화시키고 이에 따라서 개체의 형태가 상당히 바뀌게 된다는 점을 생각할 때, 유도 현상은 개체의 발생에만 영향을 미치는 것이 아니라 생명의 진화 과정과도 밀접히 관련되어 있다는 점을 알아야 한다. 같은 종 내에서도 크기와 모양새가 제각각인 강아지나 고양이의 품종을 생각해 보면, 이러한 차이를 유도 현상이 일으키는 활성 차이에 의하여 일어나는 과정이라고 볼 수 있다. 실제 치아가 없는 닭의 배아 부리에 생쥐의 치아 유도 중배엽 부위를 이식하면, 부리에서 치아가 형성된다. 즉 유도 인자의 유무에 따라서 어떤 동물은 같은 입 외배엽을 이용하여 치아를 만들기도 하고 부리를 만들기도 한다는 의미이다. 진화를 설명하는 데 있어 닭이 먼저인가 달걀이 먼저인가 하는 매우 고전적인 질문에 대해, 발생학적인 유도 개념을 이용한다면 그 답은 매우 간단하다. 진화는 닭이 유도 과정을 매개하는 유전자에 우연한 돌연변이를 일으켜 오리알로 발생할 수 있는 능력을 획득해야 일어나는 것이며, 이러한 능력이 실제로 구현되는 과정이 발생 과정이다. 이러한 측면에서 발생과 진화는 개체와 종의 역사를 다루는 만큼, 그 시간의 단위는 다를지언정 하나로 연계되는 측면이 많다.

마지막 원리, 신경 활성 기반의 최적화 원리

첫 번째와 두 번째 원리는 뇌 발생에만 국한된 것이 아니고 모든 발생 과정에 적용되는 원리이다. 마지막 원리인 신경 활성 기반의 최적화 원리는 뇌 발생에 특수한 원리라 할 수 있다. 앞서 보았던 것처럼, 신경계가 만들어지는 동안 국소적인 유도에 의해서 뇌의 부분 부분이 만들어진다. 그러나 신경계가 작동하려면 각 부분들이 촘촘히 연결되어 신경망이 완성되어야 한다. 이제는 국소적 부분에서의 지엽적 발생을 넘어, 몸 전체가 연결되는 과정을 거쳐야만 한다. 이 과정은 '유도'라는 개념만으로는 설명할 수 없으며, 복잡한 뇌 연결 상태를 생각해 보면, 어떻게 실수 하나 없이 이 복잡한 뇌신경회로를 알아서 만들어 내는지 신비롭다. 아직 신경계의 후기 발생을 완전히 이해하고 있는 것은 아니지만, 이 과정을 관통하는 가장 그럴듯한 설명은, 일단 최대한 신경을 연결해 둔 뒤, 적절한 연결은 유지하고 그렇지 않은 연결은 제거해버리는 방식을 취한다는 것이다. 이 설명에 따르면, 먼저 연결을 만드는 과정이 있어야 하고 다음으로 연결을 (선택적으로) 없애는 과정이 필요하다. 당연히 연결을 만드는 과정이 먼저이고, 제거하는 과정이 뒤따른다. 연결을 만드는 과정은 크게 보면 신경계 유도 과정과 비슷한 구석이 있다. 멀리 있는 뉴런의 액손을 잡아당기거나 밀어내는 인자가 특정 뇌 영역에서 나와서, 이 신호를 받은 뉴런이 서로 연결되는 방식으로 이루어진다.

물론 이렇게 간단하게 말하는 것과는 달리, 실제로는 좀 복잡한 과정을 거쳐야만 한다. 수많은 뉴런이 실수 없이 잘 연결되어야 하는데, 뇌연결성이 만들어지는 데 사용되는 것으로 알려진 인자의 개수가 수십 개 수준으로 그리 많지 않기 때문에, 이 정도 숫자의 인자로 전체 신경회로 구성을 설명하기 어렵기 때문이다. 이러한 숫자의 딜레마는 인자들의 조합과 각 인자에 대한 뉴런의 반응성 차이로 어느 정도 설명 가능하다. 간단한 예를 들어, 신경망 형성에 관여하고 있는 10개의 분비 인자가 있다고 가정해 보자. 이 분비 인자는 이를 받아들이는 뉴런이 어떤 수용체(세포막에 있으면서 세포 외부의 인자와 결합하여 세포의 반응성을 결정하는 단백질이다)를 가지고 있는지에 따라, '가까이 오라'는 정보이거나 '멀리 도망가라'는 정보가 된다. 이 인자에 대한 수용체가 없는 뉴런은 아예 아무런 반응도 하지 않을 것이다. 결국 수용체의 존재 및 종류에 따라 10개의 정보는 30종류의 반응을 일으킬 수 있다. 만일 한 개의 뉴런이 한 개의 인자가 아닌 여러 인자의 조합에 의해 성장과 신경망 형성이 결정된다면, 그 숫자는 다시 훨씬 늘어난다. 더군다나 뉴런이 분비하는 인자와 수용체는 모두 발달 단계 등 시간에 따른 변이를 넣으면 다시 기하급수적으로 그 종류가 다양해질 수 있다. 아직 서로 다른 연결 상태를 갖는 뉴런의 종류가 몇 개나 되는지 정확히 알지 못하기는 하지만, 방대해 보이는 뉴런의 복잡한 연결을 유전자들이 작동하여 일으키는 것이 가능하다는 점은 생각할 수 있다. 이러한 방식을 통해 대략의 연결 상태가 만들어진 후, 각 뉴런들은 열쇠와 자물쇠처럼 서로 짝을 맞추게 되는데, 이 과정은 또 다른 단백질인 세포-세포 부착 단백질군의 결합 특이성 때문에 선별적인 시냅스가 만들어지는 것으로 생각되고 있다. 그러나 이러한 결합은, 앞서 본 분비 인자에 의해 서로 시냅스를 맺어야 하는 신경돌기들이 근처로 모여져 있기 때문에 국소적인 (접촉) 반응을 통해 진행되는 과정이다.

일단 신경망이 형성되고 나면, 최적화 과정이 일어난다. 최적화는 처음 연결된 신경망이 제 기능을 발휘할 수 있는 정도로 효율적으로 변화하는 과정이다. 그 첫 단계는 뉴런 자체를 없애버리는 '예정 세포 사멸'이라는 과정이고, 다음 단계로 살아남은 뉴런에서 액손 또는 시냅스를 없애는 과정이 진행된다. 이런 과정을 통해 필요 없는 연결을 없애고 나면 훨씬 효과적으로 신경망이 작동한다. 그렇다면 어떤 기준으로 없앨 뉴런/연결성과 남겨야 할 뉴런/연결성을 결정할까? 첫 단계인 뉴런을 죽여 없애는 방식은 '유도' 현상을 밝힌 한스 슈페만 박사의 제자였던 빅터 햄버거가 한 1934년의 역사적인 관찰*과, 이를 계승한 리타 레비몬탈치니의 연구에 의해 그 비밀이 서서히 드러나게 되었다. 특히 뉴런을 죽여 없애는 과정은 뇌와 몸이 말초신경계를 통해 연결될 때 두드러졌는데, 뇌와 몸은 완전히 별개로 발생되기 때문에[국소적인 발생 원리를 생각해 보라], 몸을 조절하는 데 필요한 뉴런의 개수를 미리 알기 어렵다. 그러므로 넉넉하게 뉴런이 만들어져서 몸과 연결된 뒤에, 불필요한 뉴런은 없애버리는 방식으로 뇌-몸 연결이 진행된다는 가설이다. 이 설명을 완성하는 데는 필자의 박사후 연구과정 중 지도교수였던 로날드 오펜하임 교수

---

* 빅터 햄버거는 발달 중인 닭 배아의 다리를 잘라내면, 나중에 다리에 신경을 뻗어 다리 근육을 조절하는 데 필요한 운동 뉴런의 개수가 현저히 줄어들게 됨을 밝혔다. 반대로 다리를 하나 더 이식해 주면, 운동 뉴런의 개수가 두 배가량 늘어났다. 처음 빅터는 이 결과를 보고 다리 근육이 운동 뉴런이 만들어지는 양을 조절한다고 생각했지만, 이후 이탈리아에서 연구하던 레비몬탈치니에 의해, 운동 뉴런이 정상적인 경우 처음 만들어진 숫자의 약 반이 근육과 연결되는 때쯤 해서 죽어 없어지게 되는데, 다리 근육을 없애면 다 죽어버리고, 다리 근육이 더 생기면 덜 죽어서 이러한 결과를 얻었다는 점이 밝혀졌다. 빅터 햄버거가 레비몬탈치니를 본인이 있던 시카고 대학으로 초청하여 둘의 협력 연구가 시작될 수 있었고, 이 연구는 결국 신경성장인자(NGF)의 발견으로 이어졌다. 레비몬탈치니는 이 업적으로 1987년에 노벨상을 수상하게 되는데, 빅터가 수상자에서 빠진 점에 대한 의문이 제기되고 당시 진행 중이었던 NGF의 임상시험을 주도하던 회사의 로비가 있었던 것이 아닌가 하는 음모론에 휩싸이는 등 논란이 많았던 수상이었다.

님의 공헌이 크다. 오펜하임 박사는 빅터 햄버거가 제안하였던 이론을 '신경성장인자 가설neurotrophic hypothesis'로 발전시킨 과학자이다. 이 이론을 간단히 설명하면, 뉴런이 액손을 내어 도착하는 곳(표적)에는 도착한 뉴런들이 살아남기 위해 신경성장인자가 필요한데, 그 양이 충분하지 않기 때문에 이 인자를 두고 뉴런들끼리 벌이는 경쟁에서 이긴 뉴런만 살아남는다는 것이다. 이를 증명한 방법은 그야말로 간단해서, 표적(근육)에서 분비되는 것이 확인된 신경성장인자 후보 단백질을 발달 중인 달걀에 조금 넣어준 뒤에 이 인자 처리에 의해서 근육으로 액손을 내는 운동 뉴런의 사멸이 억제되는 것을 확인하였다. 유전자 넉아웃* 기술을 이용해서 이들 신경성장인자가 제거된 돌연변이 생쥐에서는 거꾸로 뉴런이 훨씬 많이 사멸하는 것을 확인하여, 이들 신경성장인자가 뉴런의 생존에 얼마나 필요한지 검증하였다. 이러한 일련의 연구를 통하여 표적의 연접이 뉴런 생존에 중요함을 증명한 것이다.

생존 경쟁에서 이긴 뉴런들은 이후 잘 죽지 않으며, 경쟁자가 사라졌기 때문에 오히려 필요 이상으로 표적과 연결된

---

* 유전자 넉아웃이란, 원하는 유전자만을 골라 그 염기서열을 선택적으로 제거하여 없애는 기술이다.

다. 과도하게 연결이 일어나면, 너무 회로가 복잡해지기 때문에 효율적이지 않다. 간단하게 할 수 있는 일도 너무 많은 뉴런들이 개입하게 되니 오히려 복잡해지는, 속담에서처럼 사공이 많은 상태가 되는 것이다. 이런 상태가 돼버려도 예정 세포 사멸 기간이 지나고 나면 뉴런을 죽여 없앨 수는 없으니, 이번에는 필요 없는 연결만 없애버린다. 살아남은 뉴런들이 각자 해야 할 역할에 필요한 연결만 남고 나머지 연결은 제거되는 것이다. 그럼 이 과정에서 어떤 연결이 필요하고 어떤 연결이 불필요한지는 어떻게 파악하는가? 제일 중요한 기준은 연결망의 신경 활성 정도이다. 즉 많이 사용하는 연결성은 강화되고 그렇지 않은 연결성은 약화되어 사라져 버린다. 그래서 이 과정을 영어 표현으로는 'use it or lose it(사용하지 않으면 사라진다)' 원리로 진행된다고들 한다. 언제까지 이런 일이 일어나는지는 뇌 부분마다 다른데, 어떤 회로는 아주 빨리 이 과정이 완료되고, 시각대뇌피질과 같은 부위는 생후 초기까지, 그리고 해마 같이 학습이 필요한 회로는 거의 평생 이런 과정을 반복한다고 한다. 이러한 과정은 소위 '결정적 시기'라고 부르는 현상과 관련되어 있다. 시각피질의 시냅스 효율화가 활발한 생후 초기, 즉 눈 떠서 처음으로 빛 자극에 의한 감각 정보가 뇌로 들어오는 때에 시각 경험을 하지 못하면 시냅스 효율화가 제대로 진행되지 못하고, 이 상태로 결정적 시기를 지내버리면, 눈에는 전혀 이상이 없어도 뇌에서 시각 정보를 잘 처리하지 못해 사물을 보고도 구분하지 못하는 상태가 된다. 아기들을 형광등만 계속 보게 하거나 계속 어두운 곳에만 있게 하면 안 되는 이유이다. 모국어 습득 능력도 사춘기까지라고들 하는데, 사춘기 이후 외국어를 배우게 되면 모국어를 구사하는 데 필요한 뇌 부분이 아니라 외국어를 쓰는 데 필요한 또 다른 뇌 부분을 이용하게 된다.

미니뇌를 정의하면서, 구조와 함께 신경신호를 낼 수 있어야 한다고 하였는데, 3번 원리인 신경회로 최적화 과정이 정상적으로 미니뇌에서 일어나는지에 대한 증거는 아직 미진하다. 즉 초기 발생 과정에 대해서는 많은 정보와 자료가 축적되고 있으나 후기 발생 또는 생후 발생에서 관찰되는 최적화 과정이라거나 학습 현상, 기타 고위 뇌 기능에 대한 고려는 아직 매우 부족한 셈이다. 미니뇌가 대단한 것이리라 상상했던 독자들은 약간 실망했을지도 모르겠다. 이제 원리까지 살펴보았으니 본격적으로 미니뇌 이야기를 시작할 준비가 되었다.

Manufacturing is more than just putting parts together. It's coming up with ideas, testing principles and perfecting the engineering, as well as final assembly.

James Dyson

CHAPTER 5
뇌를 만들다

"제조란 그저 부품을 합치는 것 이상이다. 이는 아이디어를 모으고, 원리를 시험하고, 기술을 완전하게 해서 최종 조립하는 것이다." 이는 제조의 귀재, 천재 엔지니어로 불리는 제임스 다이슨이 한 말이다. 엔지니어는 이런 마음으로 아이디어를 모으고 원리를 파악하는 마음으로 명품 기계를 만든다. 미니 뇌를 만드는 과정에도 엔지니어의 마음가짐이 필요하다. 이 속에는 그동안 설명했던 생물학의 원리도 들어 있고, 문제를 돌파하기 위한 아이디어도 있으며, 아이디어를 구현해낼 수 있는 온전한 기술도 필요하다. 5장에서는 본격적으로 미니뇌를 만드는 이야기를 하되, 지금까지 어떤 발전이 있었고, 어떤 주요한 성공들이 있었는지 살펴보려 한다.

뇌를 3차원으로 만들기 위해서는 앞서 이야기한 원리에 따라, 다분화능을 가지고 있는 줄기세포에 자기조직화 과정을 유도할 수 있는 적절한 인자를 배양액에 처리하면 된다. 배아줄기세포를 3차원 덩어리로 키우면서,* 여기에 적절한 인자를 처리하면 배아줄기세포 덩어리의 분화를 유도할 수 있다. 문제는, 이렇게 하면 제멋대로 분화되어 버리기 때문에, 암 덩어리와 비슷해져 버려서 기형종teratoma이라는 이름으로 부른다. 더구나 적절하게 제어할 수 없다면 반복성이 없으므로, 활용 가능한 기술이 될 수 없다. 하지만 발생학적 원리

*　이를 배아체embryoid body라고 부른다. 2차원으로 바닥에 붙여 키우던 줄기세포를 덩어리로 만드는 것만으로도 세포들이 분화될 준비를 시작한다고 언급했던 4장의 '자기조직화' 설명 내용을 떠올려보면 좋겠다.

를 이용해서 특정한 발생학적 유도 과정을 재현해 내면, 야생마 같던 배아줄기세포는 비로소 잘 길들여진 말처럼 순순히 원하는 미니 장기로 분화한다. 말처럼 간단한 일은 아니지만, 오랜 발생학의 연구 끝에 우리는 대략의 뇌 조립도를 손안에 넣게 되었고, 이제 이 조립도에 따라 시험관 안에서 뇌를 만들어 키울 수 있는 수준에 도달한 것이다. 좀 더 구체적으로 어떤 인자를 언제 얼마만큼 처리해야 되는지에 대한 정보는 매우 소중하기 때문에 대부분 특허로 그 가치를 인정받고 있고, 연구실마다 저마다의 비법을 가지고 있다. 그 자세한 내용은 너무 기술적이기도 하고 이해하기도 어려울 테니, 만일 더 깊숙한 내면을 들여다보고 싶다면 전문가로서의 길을 걸어야 할 것이다.

최초로 미니뇌를 만든 사람이 누군지는 어떻게 보느냐에 따라서 약간씩 차이가 있지만, 일본의 사사이 요시키 교수 연구진이 2005년에 3차원으로 미니 대뇌를 만든 것이 최초의 보고라고 보는 게 일반적이다.[15] 사사이 교수는 대뇌뿐만 아니라 미니 눈, 미니 소뇌 등등 뇌 여러 부위를 미니뇌 기술을 이용해서 만든 바 있으니, 그야말로 이 분야의 선구자 중 한 명이었다. 앞서 보았던 것처럼 뇌 부분은 국소적인 유도 인자의 조합에 의해 그 위치 특성이 결정되기 때문에, 사사이

나는 뇌를 만들고 싶다

교수진이 사용한 방법은 특정 뇌 부분을 결정하는 데 필요한 신경발생과정의 유도 인자를 충분히 사용해서 뇌 일부분과 비슷한 특성을 가진 미니뇌를 만드는 것이었다. 학문적으로는 미니뇌를 뇌오가노이드라고 하는데, 편의상 미니뇌로 부르다 보니 뇌 전체를 작게 만든 것으로 생각하기 쉽다. 그러나 실제 대부분의 미니뇌는 뇌 일부분과 비슷한 특성을 가질 뿐이다. 사사이 교수는 일본 발생학을 이끄는 대표적인 교수였고, 고베에 있는 일본 이화학연구소 산하 발생학연구센터의 센터장이었다. 천재는 요절한다고 했던가, 센터장으로 재직하던 시절 자신의 지도 하에 있던 연구자의 논문 조작 사건으로 갈등하던 그는 자살의 길을 택했고 52세의 나이에 생을 마감했다. 개인적인 생각이지만, 사사이가 역동적으로 연구를 계속했다면 미니뇌 연구 분야는 좀 더 빨리 발전했을 것이고 그가 노벨상을 받을 가능성도 매우 높았을 것 같다. 노벨상은 살아 있는 인물에게만 수여하는 상이니 이제 그럴 일은 없어졌지만 말이다.

한편 오스트리아의 위르겐 노블리히Juergen A. Knoblich 교수는 방법을 조금 바꾸어서, 사사이보다 훨씬 적은 양과 종류의 유도 인자를 사용하는 배양 조건으로부터, 뇌 전체의 특징을 좀 더 많이 갖고 있는 미니뇌를 만들었다.[16] 사사이가 만들었던 미니뇌가 초기 뇌 발달 과정을 들여다보기에는 좋았지만 오랫동안 크게 키울 수 없어 장기 배양하면서 좀 더 성숙한 뇌로 만들기는 쉽지 않았던 반면, 노블리치 교수의 미니뇌는 1년 이상 장기 배양도 가능했고, 이를 통해 더 성숙한 뇌의 특성을 보였다. 그러나 이러한 접근법이 갖는 약점은 너무 최소한의 인자를 사용하기 때문에 덜 길들여진 야생마처럼 잘 조절이 되지 않았고, 만들 때마다 미니뇌가 제각각이었다. 뿐만 아니라, 사람의 뇌와는 달리 특정 뇌 부위 발생의 유도 과정이 다소 무작위적으로 진행되다 보니, 하나의 미니뇌 속에 대뇌 비슷한 부분이 포도송이처럼 여러 개 달려 있는, 그야말로 좀 괴기스러운 미니뇌가 된다. 이런 상태로 미니뇌를 만들고 오랫동안 배양해 보면 사람 뇌 발달의 특징이 드러나는지 확인은 가능하지만, 이 미니뇌를 가지고 뭔가 진지하게 분석하려고 하면, 아무래도 한계에 부딪히는 것도 사실이다. 자세히 분석해 보면, 이 미니뇌에는 뇌에 있어서는 안 되는 종류의 세포들이 약간 끼어 있다는 의심도 든다. 노블리히 교수의 방법은 최소 처리 조건에서 배아줄기세포가 얼마나 다양하게 뇌와 비슷한 구조를 시험관 안에서 만들어 낼 수 있는지에 대한 최대치를 보여준다. 이와는 달리 분화 방향성을 명확하게 하는 사사이 교수의 방법은 뇌 부위를 좀 더 한정적으

나는 뇌를 만들고 싶다

로 만들어낸다는 약점이 있지만, 만들 때마다 비슷한 미니뇌가 만들어지기 때문에 정량적인 분석이 더 쉽다.

크게 이 두 가지 방식 중 하나를 기본 골격으로 해서 조건을 좀 바꾸어 본다거나 약점을 보완할 수 있는 여러 가지 기발한 방법을 고안해서 미니뇌는 진짜 뇌와 조금씩 점점 더 비슷해지고 있다. 뇌와 더 비슷하게 만들기 위해서는 실제 뇌 발달 동안 일어나는 과정과 더 비슷하게 만들어야 한다. 인공적인 방법을 조금씩 넣어서 말이다. 미니뇌가 만들어지는 과정은 근원적으로 배아줄기세포의 자기조직화 능력을 이용하는 것이니, 너무 세게 다루면 완전히 다른 결과를 얻을 수도 있다. 우리 연구실에서도 미니뇌를 만들려고 다양한 시도를 하고 있는데, 처음 조건을 잡다 보면 그 속에서 근육이 생긴다거나 뭔지 모르겠는 물주머니(?) 같은 구조가 생긴다거나 하는 여러 가지 놀라운 경험을 하고 있다. 연구자에 따라서는 이 문제를 해결하려고 머리카락의 1/100~1/1000 정도 두께를 가진 미세한 소재를 외골격처럼 사용해서 모양을 잡아주기도 하고, 아주 작은 그릇을 만들어서 이 속에서 적당한 흐름을 가지고 외부에서 넣어준 발달 유도 인자가 서서히 서로 다른 농도로 미니뇌에 도달하도록 만들기도 한다. 이런 방법들은 모두 배 발생 과정 중 특정 영역에서 발달 유도 인자가 나와서 배아에게 퍼져나가면서 부분 부분이 유도되게 하는 과정과 비슷하게 만들려는 노력이다. 다양한 시도를 거쳐 좀 더 고도화된 미니뇌가 만들어지고 있다. 대표적인 성공 사례를 몇 개만 들어보자.

지카바이러스 감염에 의한 소두증 연구

구오-리 밍Guo-li Ming과 홍준 송Hongjun Song은 부부 교수로 펜실베이니아대학에서 미니뇌를 이용한 연구를 활발히 하고 있다. 이들은 신경발생에 정통한 연구자들로, 학생 시절부터 뉴런의 액손이 어떻게 특정 신호에 반응하여 방향을 바꾸는지에 대한 신박한 연구를 해서 장래가 촉망받는 연구자로 유명하였다. 박사후 연구원으로 프레드 게이지 박사와 함께 성체신경줄기세포를 연구했고, 거기에서 큰 성공을 거두어 존재감을 또 한 번 드러낸 연구자들이기도 하다. 보통 과학자로서 한 번의 성공은 우연일 수 있지만, 두 번의 성공은 실력이라고들 하는데, 분명 실력파임에 틀림없다. 홍준 송은 대만 출신의 과학자인데, 한국 이름과도 비슷해서, 한국인으로 오해받는 일도 많았다고 한다. 한국 사람인 줄 알고 우리나라 사람이 한국어로 보내오는 메일을 받은 적도 있다고 했다. 이들은 요즘은 미니 대뇌를 만드는 데 집중하고 있다. 발생학적 연구에 정통한 만큼, 이들이 만들어낸 미니 대뇌는 사람의 대뇌가 가진 구조와 아주 비슷한 것이 그 특징이다. 그만큼 좋은 방법을 개발한 것인데, 이를 이용해서 태아의 대뇌 발달에서 보이는 다양한 특성을 관찰할 수 있었다. 이같은 관찰을 바탕으로 이들은 2016년에 아주 흥미로운 연구 결과를 발표한 바 있다.[17] 그것은 바로 지카바이러스의 소두증 관련 연구이다. 지금은 코로나바이러스가 세상을 어지럽히고 있지만, 브라질에서 올림픽이 열리던 2016년에는 지카바이러스 감염이 인류를 위협하고 있었다. 특히 지카바이러스에 감염된 산모가 소두증* 등 신경계 장애를 가진 아기를 낳는 경우가 많았다. 그렇다면 이 바이러스가 직접적으로 뇌 발달에 영향을 주어 이런 증상을 일으킨 것일까? 어찌 보면 간단한 질문이지만 이에 대한 대답을 내기 위해서는 까다로운 실험을 해야 한다. 보통 바이러스는 종 및 세포 특이성이 있어서, 사람에 감염되는 바이러스는 다른 동물에 잘 감염되지 않고, 다

---

* 뇌가 작게 태어나는 질병인데, 뇌 발달상 다양한 장애를 일으키며, 그 원인은 여러 가지가 있지만 지카바이러스 외에도 비슷한 종류의 바이러스 감염증 역시 원인으로 보는 연구 결과가 다수 보고된 바 있다.

른 동물에 감염되는 바이러스는 사람에게 잘 옮지 않는다. 종의 경계를 넘어 바이러스가 감염되려면 바이러스의 돌연변이가 생겨야 하고, 이런 변종 바이러스에 대해서는 항체를 갖고 있지 못해서 바이러스의 대유행이 일어날 우려가 크다. 다행히 종을 넘어서 감염되는 경우가 자주 일어나지는 않는다. 참 다행스럽긴 한데, 아이러니하게도 이런 종 특이성 때문에 바이러스를 연구하기 어렵다. 사람 뇌에만 감염되는 지카바이러스가 사람 뇌에서 어떻게 작동하는지 알기 위해서는 사람의 뇌가 필요하다. 이러한 문제를 해결하는 데 미니뇌는 큰 도움이 된다. 연구자들이 지카바이러스를 미니뇌에 감염시켜 보니, 감염된 신경줄기세포가 죽어서 세포분열이 잘 일어나지 못하고, 결과적으로 미니뇌의 크기가 정상보다 더 작아지는 모습을 관찰하였다. 이보다 더 직접적이고 명확한 증거가 있겠는가! 뿐만 아니라 미니뇌를 이용하면, 절대로 사람한테는 할 수 없는 다양한 생물학적 분석이 가능하니 정확한 바이러스의 작용 방식을 알아내거나, 치료제를 개발하는 등에도 활용 가능하다. 비슷한 개념은 꼭 미니뇌가 아닌 다른 미니 장기에도 적용 가능하다. 요즘 문제가 되는 코로나바이러스는 호흡기에서 가장 큰 문제를 일으키니, 사람의 미니 폐를 시험관에서 만들어 코로나바이러스를 감염시킨 후 바이러스

나는 뇌를 만들고 싶다

에 의한 폐 손상 과정을 연구한 논문도 발표된 바 있다. 뇌 역시 코로나바이러스에 감염되면 어떤 변화를 보일 가능성도 있어, 여러 연구팀이 비슷한 방법으로 연구를 진행하고 있다. 이러한 방식의 연구는 앞으로도 계속 늘어나고 인간과 바이러스의 싸움에서 인류를 구원할 중요한 무기가 될 것이다.

너무나 인간적인, 검은 미니 중뇌

한국인 과학자로 싱가포르에서 활약하고 있는 제현수 교수는 인간 미니 중뇌 모델을 만들었다.[18] 중뇌에는 도파민을 분비하는 뉴런이 있는데, 이 도파민이 우리 몸을 잘 조절하여 움직이는 데 중요한 역할을 하기도 하고, 감정이나 의사 결정에 중요한 역할을 하기도 해서, 의학적으로도 매우 중요한 역할을 한다. 특히 파킨슨병은 중뇌에 있는 도파민 뉴런이 퇴행해 버리는 것이 중요한 발병 이유이기 때문에, 전통적으로 많은 연구자들이 줄기세포로부터 도파민 뉴런을 만들기 위해서 많은 노력을 기울이고 있다. 국내에서는 한양대학교 의과대학의 이상훈 교수 연구팀이, 줄기세포로부터 도파민 뉴런을 만들어서 파킨슨병을 치료하는 방법을 찾기 위하여 수십 년간 노력하고 있다. 줄기세포를 연구하는 사람들이 특히 중뇌 도파민 뉴런에 관심이 많은 이유는, 어린 도파민 뉴런을 뇌에 이식해 주면 파킨슨병을 고칠 수 있다는 임상 보고가 있었기 때문이다. 이 임상 보고 연구자들은 낙태한 태아의 뇌로부터 중뇌 세포를 얻어 이식했었는데, 환자 한 명에게 이식하기 위해서는 많은 태아가 필요했다. 환자의 치료에 쓸 만큼 충분한 양의 중뇌 세포를 구하는 것은 아주 어렵기도 하고 위험한 일이기도 하니, 태아가 아닌 다른 곳에서 중뇌 세포를 만들기만 하면 파킨슨병의 치료 가능성이 커지는 것이다. 이런 맥락에서, 줄기세포를 이용한 중뇌 도파민 신경세포를 만드는 방법을 찾아내기 위해 많은 노력이 있었다. 최근에는 하버드 대학에 재직 중인 김광수 교수 연구팀이 줄기세포에서 유도한 중뇌세포를 이식하여 파킨슨병을 치료했다는 결과가 발표되어, 임상 적용의 기대감이 높아지기도 했다.[19] 배아줄기세포로부터 도파민 뉴런으로 분화시키는 방법을 사용하면 대부분의 세포를 도파민 뉴런으로 만들 수는 있는데, 이렇게 시험관에서 만들어진 도파민 뉴런이 아무래도 우리 뇌에 있는 도파민 뉴런과는 그 특성이나 능력이 다르다고 알려져 있다. 그래서 처음에는 뉴런을 만드는 데만 집중했었다면, 이후에는 좋은 특성을 가진 도파민 뉴런을 만들기 위해 많은 노력

나는 뇌를 만들고 싶다

을 기울였다. 이렇게 하다 보니, 이번에는 배양 조건이 너무 복잡해지거나, 유전자 조작처럼 임상시험을 위한 식약처 승인을 받기에 불리한 방법까지 사용해야만 한다. 왜 시험관에서 배아줄기세포를 도파민 뉴런으로 만들면 우리 뇌 속에 있는 도파민 뉴런과 다른 건지는 정확히 알 수 없지만, 뉴런이 분화되어 제 기능을 하기 위한 조건 중에 아직 모르는 것들이 있기 때문에 시험관에서 100% 재현하기 어렵기 때문일 거라 추론할 수 있다. 그러므로 도파민 뉴런을 만드는 게 아니라, 미니 중뇌를 만들면 그 안에 있는 도파민 뉴런은 태아의 뇌속에 있는 도파민 뉴런과 훨씬 더 비슷하지 않을까?

제현수 박사 연구팀은 도파민 뉴런을 가지고 있는 미니 중뇌를 만들어보기로 결심했다고 한다. 배 발달 과정 중 어떤 세포가 어떤 과정을 거쳐서 중뇌 도파민 뉴런이 되는지를 연구한 많은 결과물이 있고, 시험관에서 도파민 뉴런을 만드는 방법이 이미 잘 알려져 있기 때문에, 정보는 많았다. 여러 가지 조건을 처리해 봐서 도파민 뉴런만 있는 것이 아니라, 도파민 뉴런을 포함하고 있는 중뇌 조직과 비슷한 미니 중뇌가 만들어지는 조건을 찾아보았다. 얼마나 중뇌와 비슷해지는지 알아보려면 여러 가지 방법을 동원해야 했는데, 예를 들어 전체 유전자 발현 양상이 태아의 중뇌 부분과 얼마나 비슷한 지도 분석하였고, 도파민 뉴런이 도파민을 충분히 잘 분비하는지도 분석하였다, 가장 놀라웠던 점은, 오랫동안 미니 중뇌를 키웠더니 갑자기 색깔이 생기면서 미니 중뇌가 검게 변하는 것이었다. 이를 처음 발견한 연구원은 처음에 뭔가 오염된 건 아닌지 걱정했다고 한다. 그러나 사실 알고 보면, 이것은 사람의 미니 중뇌가 만들어졌다는 중요한 증거였다. 해부학적으로 중뇌에서 도파민 세포가 있는 곳을 흑질substantia nigra이라고 부르는데, 사람의 중뇌에서 도파민 뉴런이 많은 곳에는 멜라닌 색소가 많아 까맣게 되기 때문이다. 놀랍게도, 설치류 등 대부분의 동물에서는 이런 색소 침착이 발견되지 않으므로, 인간에게만 나타나는 일종의 특이적인 현상이다. 사람의 줄기세포를 원재료로 해서 미니 중뇌를 만들었더니 사람에 특이적인 현상이 잘 나타난 것이다. 이러한 발견을 보면, 현재 우리가 시험관에서 만드는 미니뇌가 인간 특이적인 다양한 특질을 나타낼 수 있으며, 어쩌면 실험 동물보다 더 적합하게 사람의 질병을 연구하고 좋은 약물을 개발할 수 있는 기회를 제공할지도 모른다. 제현수 박사는 왜 사람 특이적으로 멜라닌 색소가 침착되는지를 자세히 연구해서 혹시 이런 현상이 질병이나 인간 뇌의 특이점을 발견할 수 있는 의외의 기회를 주지 않을까 기대하고 있다고 한다.

어셈블로이드, 합체로봇은 힘이 더 세다

미니뇌를 설명하면서 현재의 버전은 뇌 일부만을 모사한다고 설명하였다. 뇌의 각 부분은 뇌 기능을 수행함에 있어 특정 기능을 발화하는 데 중요한 제 역할을 하지만, 그렇다고 그 부위만으로 뇌 기능을 충분히 수행할 수 있는 것은 아니다. 따라서 기능을 나타낼 수 있는 자기 완결성이 없는 뇌 일부분을 만들어 놓고 고차원적인 뇌 기능을 기대하기는 어렵다. 그러므로 좀 더 광범위한 뇌 부위를 대변하는 미니뇌를 만드는 방법이 필요하다. 앞서 보았던 노블리히 박사의 방법이 넓은 뇌 부위의 특징을 반영하고 있기는 하지만, 각 뇌 부위가 유도되는 과정을 잘 제어하기 어렵기 때문에, 추상화처럼 서로 얽혀 있고, 미니뇌마다 얽혀 있는 정도가 다르기 때문에 정교한 실험을 하기에는 곤란하다. 이런 면에서 보면 뇌 일부분을 일단 잘 만들고, 이들을 레고처럼 이어 붙이는 방법이 나름 합리적으로 보인다. 배 발생 중 뇌가 부분별로 레고 블록처럼 유도되면서 자연스럽게 연결되어 한 덩어리의 네트워크가 되어가는 과정과 비슷하게 만들려는 시도이다. 이러한 방식을 통칭해서 어셈블로이드(합쳐서 만든 미니뇌라는 뜻)라고 한다.[20] 따로 싸우다가 적에게 밀릴 때 합체한 로봇이 더 큰 능력을 발휘하는 것과 비슷하다. 여러 그룹에서 이러한 합체 방식에 성공하였는데, 예를 들어 한국인 과학자로 예일대 교수로 있는 박인헌 교수 연구팀은 대뇌의 위쪽과 아래쪽을 따로 유도한 뒤에 붙여서 위아래가 다 있는 미니뇌를 만드는 데에 성공한 바 있다.[21] 조금 복잡한 이야기이긴 하지만, 뇌 발생 동안 대뇌 아래쪽에 있는 일부 뉴런이 위쪽으로 이동하여 뇌 위쪽에 많은 억제성 뉴런이 된다. 이들 억제성 뉴런은 대뇌의 뉴런이 서로 교감하고 국소적으로 정보를 주고받는 데 중요한 역할을 하는 사이 뉴런이다. 만일 대뇌 위쪽만 가진 미니뇌를 제작하면 이 억제성 뉴런은 존재하지 않는데, 위아래를 붙인 어셈블로이드를 만들었더니 아래쪽에서 만들어진 뉴런이 위쪽 미니뇌로 이동하여 정상적인 뇌에서 보이는 것처럼 억제성 뉴런으로 분화됨을 관찰하였다. 박인헌 교수는 이뿐만 아니라, 미니뇌에 혈관을 넣어서 몸에 있는 뇌와 좀 더 비슷하게 만든다거나 하는 시도들을 하면서 이 분야를 이끄는 리더급 과학자로 성장하고 있다.[22]

이렇게 미니뇌를 합체하는 방식을 좀 더 확장하면 몸과

---

* 최근 포항공대의 신근유 교수팀이 미니뇌는 아니지만, 어셈블로이드 기술을 이용해 미니 방광을 만든 일이 있다.

나는 뇌를 만들고 싶다

연결하는 것도 가능하다. 스탠퍼드 의과대학의 세르기우 파스카Sergiu Pasca 교수 연구팀은 이런 방법으로 뇌와 몸을 연결하는 시도를 하였는데, 미니뇌를 미니척수와 연결하고, 미니척수를 미니 근육과 연결하는 방법을 택하였다.[23] 뇌는 척수로 연결되어 있고, 척수에 있는 뉴런이 액손을 근육에 뻗어, 뇌가 명령을 내리면 척수로 이어져 근육이 수축하는 과정을 시험관 안에서 재구성한 것이다. 각 부분을 잘 만들어서, 이들을 서로 붙여서 좀 더 배양을 해 보니 이들은 서로 붙어서 자라면서 서로 연결되었다. 흥미롭게도 광유전학이라는 방법을 사용해서 대뇌 뉴런을 자극했더니, 이 자극이 척수로 이어져 근육을 움직이는 데 성공했다. 이 연구에서는 세 개의 부분을 이어서 어셈블로이드를 만들었지만, 같은 방식을 확장하면 뇌 전체와 맞먹는 미니뇌[큰 미니뇌라고 해야 할 것 같은 생각도 든다]를 만드는 게 가능하고, 이런 개념을 확장하면 보다 복잡한 뇌 기능을 구현한다거나 심지어는 자유의지가 창발될 수도 있지 않을까. 비슷한 분야를 연구하는 과학자로서 다른 연구자의 성과를 보면서 걸작을 만난 것 같은 감동과 부러움을 느낄 때가 간혹 있다. 이 논문이 바로 그런 논문 중 하나였다.

비슷한 개념이지만 조금 다른 접근도 있다. 독일의 미나

구티Mina Gouti라는 과학자는 배아의 몸통이 길어지는 과정을 자세히 공부하던 연구자다. 배아의 몸통이 길어지는 과정을 보면, 꼬리 쪽에 있는 특별한 줄기세포가 척수 아래쪽 신경계를 만드는 동시에 하반신에 있는 근육이나 뼈 등도 만든다. 이들은 배아줄기세포로부터 이 특별한 줄기세포를 만들어내는 방법을 알아냈고, 이로부터 3차원 배양을 통하여 척수와 근육이 서로 땅콩처럼 붙어 있는 신경-근육 오가노이드를 만들어낼 수 있었다.[24] 이런 방식은 발생학적인 원리를 좀 더 근본주의적으로 따져서 만들었다는 점에서도 매우 흥미롭다. 신경과 근육이 같은 종류의 세포로부터 동시에 나온다니, 우리 몸을 만들어내는 세포들의 다양성과 가능성이 새삼 놀랍다.

미니뇌, 학습을 하다

미니뇌가 갖춘 많은 특징들 중에서도, 특히 미니뇌가 신경 신호를 만들어낼 수 있는지에 대한 연구가 활발하게 진행되어 왔다. 미니뇌를 뇌와 비슷한 기능을 가진 존재로 보기 위해서는, 뇌의 본질인 신경 정보를 만들어낼 수 있어야 하기 때문이다(1장 참조). 이는 미니뇌가 어떤 특성을 가지고 있으며 어떻게 인류가 이용할 수 있을지를 파악하는 데 중요한 분석일 텐데, 이 부분을 말하기 전에 먼저 구분해 두고 싶은 개념이 한 가지 있다. 바로 '신호'와 '정보'의 차이이다. 간단히 말하면 신호에 의미(질서)가 있으면 정보가 된다. 2차 세계대전 당시 독일군과 연합군 사이의 암호 전쟁은 현대 디지털 혁명을 일으키는 데 가장 중요한 모멘텀을 만들었다. 독일군의 에니그마를 해독할 수 있는 기술이 없었다면, 독일군의 암호는 단순한 신호였을 뿐이지만, 이를 해독하는 순간 전쟁에 승기를 잡을 수 있는 정보로 탈바꿈되었다. 이를 해독한 과정은 신호 속에 들어 있는 질서 체계를 알아낸 것이었다. 같은 방식으로 보면, 자연계에 존재하는 다양한 신호들은 질서를 갖추게 되면 정보가 된다. DNA를 이루는 네 가지 염기인 ATCG가 무의미하게 반복되면 단순한 신호이지만 이들이 질서를 갖게 되면 코돈이 되어 단백질을 만들어 낼 수 있다. 만일 형태적으로 미니뇌가 발생학의 자기조직화 원리에 의해 구조적 질서를 만들어 낸다면, 이 미니뇌가 만들어 내는 신경 신호도 혹시 자기조직화된 질서가 있는 '정보'가 되어 있지 않을까?

군이 3차원으로 복잡하게 미니뇌를 만들지 않더라도, 하나의 뉴런은 자발적으로 탈분극 과정을 거쳐 전기적 신호를 만들어 낸다. 이 뉴런들을 한꺼번에 여럿 배양하면 2차원으로 키워도 서로 신경연접을 맺고 신호를 주고받으며 좀 더 집단적인 신호를 만들어 낸다. 그러나 이 신호에 정보가 있는지, 정보가 있다면 어떤 정보가 들어 있는지는 알기 어렵다. 외부에서 자극을 넣어주면, 뉴런의 생물학적 특성상 이들은 자극에 반응하여 발화한다. 이러한 특성은 세포의 고유 특성이므로, 이런 발견은 미니뇌 속에 정상적으로 작동하는 뉴런이 있음을 의미하지만, 그것만으로 뇌와 비슷한 '정보 생산 기능'이 있는지는 설명하지 못한다. 미니뇌가 신경신호를 발화한다는 증거는 많이 모여 있음에도 불구하고, 이렇게 발화한 신경신호가 의미를 가진 질서 체계를 가지고 있는지에 관한 연구는 아직 매우 미진하다. 그도 그럴 것이, 사람의 뇌에서 나오는 신경신호는 틀림없이 정보를 내포하고 있지만, 아직 우리 기술 수준이 이 정보를 꺼내어 해석할 만큼 충분하지 않다. 에니그마 암호를 풀어낼 로제타석이 여전히 필요하다. 불가능한 일은 약간 뒤로 미뤄 두고 더 명료한 방법이 개발될 때까지 기다리는 게 상책이다.

그러므로 현재로서는 좀 더 낮은 수준의 질문에 대답을 얻기 위해 많은 연구가 진행 중이다. 예를 들어 이런 질문이

나는 뇌를 만들고 싶다

다. 미니뇌도 학습을 할 수 있을까? 사람이나 실험 동물에서 학습 능력에 대해 알아내려면 어떤 과제를 내주고 그 과제를 하는 속도나 정확도가 올라가는지 보는 방식을 사용한다. 어려운 수학 문제를 주면 처음엔 문제를 푸는 데 무한대로 시간이 걸리겠지만, 학습이 되고 나면 빠르고 정확하게 문제를 푼다. 동물에게도 길찾기 숙제를 내주고 학습시키면 처음엔 오래 걸리다가 충분히 반복하고 나면 쉽고 빠르게 길을 찾는다. 학습이라는 행동 변화를 뇌에서 일어나는 일로 바꾸면 '기억'이라고 표현할 수 있다. 즉 새로운 기억이 생겼기 때문에 학습이 일어난 것이다. 그러므로 미니뇌가 기억을 한다면 학습을 할 수 있다고 설명할 수 있겠다. 미니뇌는 기억을 할까? 기억에는 여러 종류가 있으며, 심리학이나 신경과학적으로 복잡한 정의가 있다. 그러나 이 복잡함을 좀 더 신경생물학적으로 단순화하면, 동일한 자극에 대하여 이 자극을 이미 받은 뉴런이 좀 더 효과적인 반응을 보이게 되면, 이것은 이전의 자극을 '기억'한 것으로 볼 수 있고, 이 회로는 '학습'을 한 것으로 본다. 가장 대표적인 현상이 장기강화LTP, Long-Term Potentiation로, 신경회로에 강한 반복적 자극을 넣어주면, 평상시보다 강한 신경활성이 오랫동안 유지되는 현상이다. 즉 반복적이고 강한 자극은 이후 더 작은 자극에도 강하고 빠르게 반응을 보이게 만들며, 이러한 현상은 우리가 경험하는 학습 과정과 매우 비슷하다. 집중해서 반복해야 기억이 나고 학습이 되지 않는가. 장기강화라는 현상은 로모Terje Lømo와 블리스Tim Bliss라는 과학자가 약 50년 전에 처음으로 발견하였다. 당시 대학원생이던 로모가 이 현상을 발견하여 박사학위 논문을 썼다는데, 논문을 내고서도 이 발견이 어떤 의미인지 파악하기 어려웠기 때문에 몇 년간 그냥 방치되어 있었다고 한다. 이후 팀 블리스의 재발견에 의해 LTP 현상이 세간의 관심을 받기 시작하였고, 지금껏 수많은 연구와 관찰이 모였다. 이를 통하여 이제는 LTP가 학습과 기억을 설명하는 가장 기본적인 생물학적 기반이라는 것에 대다수 과학자가 동의하고 있다. 그러므로 미니뇌가 학습할 수 있는지를 파악하려면 미니뇌에서 LTP 현상을 관찰할 수 있는지 조사하면 된다. 말로는 간단한 것 같지만, 전기적 특성을 사람 또는 동물의 뇌보다 훨씬 작은 미니뇌에서 분석한다는 것이 생각만큼 쉽지 않다. 더구나 보통의 뇌 구조는 잘 정돈되어 있기 때문에 어디를 자극하면 어디서 반응이 나오는지 잘 알려져 있으나, 미니뇌는 아무리 진짜 뇌 일부분과 비슷하다고 해도, 겉모습을 보고 어떻게 신경회로가 만들어져 있을지 파악하는 것부터가 간단하지 않다. 결국 이 문제를 해결하기 위해서는 미니뇌의 크기에 맞도록 미니, 아니 마이크로 뇌회로 자극/측정 시스템이 있어야 한다. 그리고 어떻게 회로가 연결되었는지 잘 모르면 여기저기 신호를 측정해 봐야 한다. 이런 난제를 잘 해결한 몇몇 연구들이 있는데, 독일 괴팅겐에 있는 짐머만 Wolfram-Hubertus Zimmermann은 이 문제를 아주 작은 전극이 많이 배열되어 있는 마이크로시스템을 이용해서 해결하였다. 즉 64개의 전극이 배열되어 있는 위에다 오가노이드를 평평하게 눌러 둔 뒤에 한곳에서 자극을 주고 다른 전극에서 어떤 반응을 보이는지 측정하였다.[25] 자극의 강도를 높이고 여러 번 반복한 뒤에 보니, 50% 정도의 전극에서 처음과는 다른 반응을 보이는 것이 관찰되었다. 다시 말해 반복된 자극에 따라서 자극한 전극과 측정한 전극 사이에 있는 뉴런의 반응성이 바뀌었다, 즉 학습이 일어났다는 뜻이다. 이것이 우리가 통상 이야기하는 의미의 학습처럼 미니뇌가 전기 자극을 받으면 뭔가를 더 할 수 있게 된다는 뜻은 아니지만, 인공적으로 시험관에서 만들어낸 미니뇌가 전기 자극에 따라 변화 가능하다는 것은, 적절한 자극을 넣어주고 훈련시키면 학습할 수 있는 능력을 가졌다는 걸 의미한다. 우리가 아직 모르는 점은, 이 미니뇌를 어떻게 하면 더 똑똑한 미니뇌로 키울 수 있는지이다. 미니뇌가 좀 더 진정한 의미에서 학습을 하고 정보를 방출하게 된다면, 그때가 바로 우리가 뇌 기능을 이해하게 되는 순간이라고 생각한다.

우리 연구팀도 이와 비슷한 연구에 참여하고 있는데, 한국 과학기술의 자존심, 한국과학기술연구원(KIST) 조일주 박사 연구팀은 삽입형 마이크로 전극을 개발하여, 3차원 미니뇌를 자유자재로 자극하고 방출되는 신경 신호를 읽는 것을 가능하게 만들었다.[26] 운 좋게도 우리가 만든 미니뇌를 대상으로 하여 이 마이크로 전극을 테스트할 기회가 생겼는데, 지금껏 보고된 어떤 방법보다도 간단하고 정확하였다. 한국 첨단 공학 기술이 얼마나 강력한지 확신하게 되었고, 이러한 도움이 뇌를 이해하는 데 크게 기여할 것이라는 기대를 품게 되었다.

배아를 시험관에서 그냥 만들 수는 없을까

미니뇌를 포함하는 미니 장기를 만드는 이유는 장기 발생을 알고 싶기 때문이기도 하지만, 미니 장기를 이용하여 질병을 연구하거나, 신약 개발 또는 재생 치료 등에 이용하려는 실용적 목적도 크다. 윤리적인 문제를 잠시 잊고, 사람한테 그냥 약물도 찔러 보고 수술도 하고, 장기를 꺼내서 사용도 하면 여러 가지 의학적 난제를 해결할 수는 있다. 그러나 윤리적인 문제를 잊어서는 절대 안 되기 때문에, 할 수 있어도 하지 않는 일이다. 영화 〈아일랜드〉에서처럼 복제 인간을 사육해서 필요한 장기를 채취하는 방법도 하면 안 된다. 하지만 미니 장기라면 사람이 아니라 사람의 일부일 뿐이니, 윤리적 측면에서 좀 덜 꺼림칙하다. 어떤 면에서 인간을 위한 연구는 인간을 대상으로 하되 인간을 사용하지 않거나 최소한의 위해만을 가하는 적절한 '선'을 찾는 과정이다. 이 선을 넘지 않는 한에서 사람과 비슷하면 비슷할수록 좋다. 이런 측면에서 볼 때, 복제 인간은 안 되지만 미니 장기는 큰 문제가 없다는 점에 사회적으로 합의가 이루어져 있는 것이 현재 상황이다. 그렇다면 좀 더 복제 인간에 가까운 미니 장기 기술은 어떨까? 현재 과학자들은 인간 배아줄기세포로부터 초기 인간 배아와 흡사한 3차원 구조물을 시험관에서 만들어낼 수 있다.[27] 초기 배아는 포배-낭배-신경배 등의 과정을 거치면서 수정란이 배아로서의 모습을 잡아간다. 보통 이 과정은 자궁 속에서 태반이 만들어지고, 장막과 양막 등의 배아외막 안쪽에 있는 배아가 거치는 과정인데, 시험관 안의 환경은 태반이나 배아외막과는 다르지만 적절한 조건을 부여하면 배아줄기세포는 장기가 아니라 초기 배아와 비슷한 형태 형성과 분화 과정을 거친다. 물론 완전한 개체로 성장시킬 수 있을 정도로 오래 배양하는 것은 가능하지 않지만 초기 배 발달 과정을 관찰하기에는 충분하다. 또한 이렇게 만들어진 초기 배아 유사체를 달걀에 이식해서 달걀에 있는 태반과 다소 유사한 환경을 빌리게 되면 훨씬 더 정교하게 발달하도록 만들 수도 있다. 알에서 태어난 설화 속의 박혁거세라고나 할까. 만일 인공 태반을 시험관 안에서 만들어 낼 수 있다면, 우리가 SF영화나 소설에서 많이 본 이미지처럼 양수액이 가득 찬 수조 속에서 사람을 배양하고 있는 장면이 현실이 될 수도 있다. 이쯤 되면 약간 미래가 무서워지기도 하는데[SF영화에서 이런 기술은 항상 디스토피아적 세계관과 맞물려 있다], 현재의 기술로 가능한 현실 버전은 그렇게 극적이진 않다. 그럼에도 불구하고 이러한 시도들이 인간을 이해하고 인간이 질병과의 싸움에서 이기는 데 기여할 큰 무기가 되리라는 것만큼은 자명하다.

미니뇌 기술, 인류 진화를 쓰다

미니뇌를 만들고 싶은 인간의 욕망 중 가장 큰 이유는 인간 자신에 대한 이해를 높이기 위해서이다. 인간이 '만물의 영장'이라는 이름으로 자연계에서 특별한 지위를 가진 존재라고 스스로 믿고 있는 배경에는, 독특하게 큰 대뇌를 가지고 있다는 '뇌부심'*이 있다. 그러므로 이 미니뇌 기술을 이용해서 인간 진화의 신비를 밝히고 싶은 연구자가 왜 없겠는가. 미니뇌를 만들기 위해서는 배아줄기세포가 필요한데, 역분화기술을 이용하면, 사람뿐만 아니라, 침팬지 같은 유인원의 배아줄기세포도 만들 수 있다. 유인원의 배아줄기세포를 일단 만들고 나면, 사람의 미니뇌를 만드는 것과 비슷한 방법을 써서 유인원의 미니뇌를 만들 수 있다. 이러한 방식으로 다양한 동물의 미니뇌를 만든 후에, 이들이 각각 동물의 뇌 발달 과정상의 특이점을 보여주는지 비교 분석해본 결과, 동물들 간의 차이가 관찰되었다. 예를 들어 사람의 대뇌에는 주름이 잡히는 것이 생쥐와 비교할 때 큰 차이인데, 이러한 차이를 만드는 중요한 이유에 대해서는 여러 가지 이론이 있다. 큰 대뇌를 가지려면 신경세포가 많아야 할 테고, 신경줄기세포가 신경세포를 만들 때 안쪽과 바깥쪽의 성장 속도가 다르고, 안쪽 세포들이 좀 더 단단하게 서로 붙어 있는 등의 아주 간

---

* 뇌에 대한 자부심이라는 의미로, 요즘 'xx부심'이라는 신조어가 많이 쓰이길래 만들어본 표현이다.

단한 차이 때문에 자연스럽게 우글쭈글하게 주름이 접힌다
는, 단순한 수리적 모델로 사람의 뇌에 주름이 잡히는 과정을
설명하기도 한다. 실제 사람 미니뇌를 좁은 공간에 가두어서
키워보니 주름이 예쁘게 잡혔다는 보고도 있다.[28] 이렇게 물
리적인 힘을 통해 뇌에 주름이 잡히는 과정을 설명하기도 하
지만, 사람 뇌에 특별한 신경줄기세포가 있기 때문에 주름이
잡히게 된다는 주장도 설득력이 있다. 사람은 독특한 신경줄
기세포가 대뇌층의 가운데쯤에 있어서, 대뇌 위쪽이 아래쪽
보다 빨리 성장하면서 분수가 뿜어나가듯이 세포들이 표면
쪽으로 이동하기 때문에 주름이 잘 잡히게 된다는 주장인데,
사람과 생쥐의 미니 대뇌를 만들어 비교해 보면 이 독특한 신
경줄기세포는 사람의 미니 대뇌에서만 관찰된다.

사람과 생쥐는 뇌의 크기, 모양, 능력 면에서 아주 큰 차
이가 있으니 미니뇌에서도 차이를 보이는 것이 어찌 보면 놀
랄 일은 아니다. 다른 연구자들은 좀 더 사람과 비슷한 뇌를
가진 침팬지로부터 미니뇌를 만들어 사람의 미니뇌와 비교
하는 연구를 했다. 사람과 침팬지의 미니뇌는 비슷하지만, 유
의미하게 다른 차이점이 관찰되었는데, 거시적으로 가장 두
드러진 특징은 사람의 뇌 발달이 침팬지와 비교할 때 훨씬 느
리게 진행된다는 점이었다.[29] 좀 더 세밀한 차이를 파악하기

나는 뇌를 만들고 싶다

위해서는 아주 정교한 생물학적 분석 방법을 동원해야 했다. 예를 들어 '단일세포 유전체 분석법'이라고 부르는 방법이 있는데, 이를 이용하면 어떤 종류의 세포들로 미니뇌가 구성되어 있는지, 어떤 순서로 세포들이 생겨나는지 등등의 자세한 정보를 얻을 수 있다. 그동안 이러한 첨단 생물학적 방법론으로 사람과 유인원의 비교 분석이 없었던 것은 아니지만, 초기 발생 단계의 뇌 조직을 얻는 것은 사람이든 유인원이든 쉬운 일이 아니기 때문에 자세한 분석 자체가 가능하지 않았다. 미니뇌라는 새로운 접근법으로 다양한 발생 단계의 샘플을 얻을 수 있게 되었기 때문에, 이러한 연구를 해볼 기회가 열린 셈이다. 이로써 사람과 유인원의 뇌 발생 프로그램이 어떻게 다른지, 이러한 프로그램을 조절하는 방법은 무엇인지에 대한 단서도 제공할 것이다.

최근에는 좀 더 미묘한 차이이자, 그간의 방법으로는 접근 자체가 불가능했던 시도도 있었다. 이미 멸종된 네안데르탈인이나 데니소바인의 뇌와 현생 인류의 뇌를 미니뇌 기술로 비교해 보자는 것이다. 앞서 소개한 비교들은 모두 살아 있는 동물로부터 세포를 채취해서, 역분화 기술로 줄기세포를 만든 후 이를 미니뇌로 바꾸는 방법을 사용했다. 그러나 네안데르탈인은 이미 멸종되었으므로, 살아 있는 세포를 구하는 것은 불가능하다. 따라서 이 문제를 우회하는 방법이 필요하다. 네안데르탈인의 세포는 구할 수 없으나, 이들 유전자의 염기서열 정보는 2013년 스반테 페보Svante Pääbo*30연구진에 의해서 밝혀진 바 있다. 이러한 놀라운 연구 성과는 하나의 가능성을 열어주었는데, 현생 인류와 차이를 보이는 유전자들을 유전자 편집 방법을 이용하여 네안데르탈인의 유전자로 바꾼 뒤에 비교하는 것이다. 엄밀하게 말하면 처음에는 네안데르탈인 유전자를 가진 현생 인류의 줄기세포겠지만, 네안데르탈인 유전자지도를 보면서 유전자 편집을 계속 반복하다 보면 언젠가는 네안데르탈인 유전자로 완전히 치환하는 것이 가능하다. 그렇다면 살아 있는 네안데르탈인의 줄기세포를 얻을 수 있고, 윤리적 문제를 살짝 눈감는다면 살아 있는 네안데르탈인을 카페에서 만나 대화를 나누게 될 수도 있다. 이러한 착상을 실천에 옮기기 위해서 캘리포니아 연구팀은 'NOVA1'이라는 유전자에 주목하였다. 실제 현생 인류와 네안데르탈인 유전체를 비교해 보니, 집단을 구분할 만큼 유의미한 변이를 보이는 단백질 변이 유전자는 61개밖에

* 혹시 좀 더 자세한 내용을 알고 싶으면 스반테 페보가 쓴 『잃어버린 게놈을 찾아서』라는 책을 읽어보기를 강추한다. 아니, 일단 그냥 이 책을 읽어 보시라. 읽다 보면 자세한 내용을 더 알고 싶어질 것이 분명하다!

되지 않았는데,** 이 중 NOVA1은 뇌 발달 과정에 중요한 조절자로 기능이 알려졌다. 미니뇌를 만들면 이 유전자에서 뭔가 차이를 보일 가능성이 높다. 또한 단 한 개의 아미노산 서열만이 달랐기 때문에, 유전자 편집을 한 번만 하면 '현생 인류형'과 '네안데르탈인형' 줄기세포를 가질 수 있게 된다. 이는 앞서 말한 개념이 통할지를 빠르게 파악하는 데에 유리하기 때문에, 이 유전자 편집을 한 뒤 두 줄기세포를 이용해서 미니뇌를 만들어 보았다.[31] 이를 비교해 본 결과, 현생 인류 미니뇌에 비해서 네안데르탈인 미니뇌는 더 작았고 모양도 울퉁불퉁했는데, 이는 아마도 신경줄기세포의 분열 능력 차이 때문이 아닌가 추론할 수 있었다. 이러한 차이를 설명할 만한 유전자 발현 차이 역시 관찰되었으며, 특히 시냅스를 만드는 능력의 차이가 관찰되었다. 전기 신호를 측정해 보니, 현생 인류 미니뇌에 비하여 네안데르탈인형 미니뇌는 뉴런들 간에 서로 의사소통량이 적고 제각각 신호를 내는 것 같은

** 이 말에는 약간 오해의 소지가 있는데, 모든 사람은 유전자 서열이 조금씩 다르고 그에 따라 개인의 특질이 다르게 나타난다. 네안데르탈인들 간에도 다들 유전자 서열이 달라서 각자 개성이 있었을 것이다. 그러므로 여기에서 현생 인류와 네안데르탈인의 유전자가 다르다는 것은, 각 집단이 가진 유전적 다형성보다 통계적으로 큰 다형성이 발견된 염기서열 중 단백질의 아미노산 차이를 보이는 유전자가 61개 있었다는 말이다.

결과를 얻었다. 이러한 차이가 인류 진화 과정 중 뇌의 변화를 얼마나 설명할 수 있을지는 아직 불명확하지만, 앞으로의 가능성만큼은 충분히 열어주는 것 같다. 이 연구를 주도한 무오트리Alysson Muotri 교수는 61개 유전자 변이를 모두 넣어서 좀 더 네안데르탈인에 가까운 미니뇌를 만들 계획이라고 한다. 어떤 결과가 나올지 모르겠지만, 흥미로운 드라마의 다음 회차를 기다리는 기분이 든다.

With great power comes great responsibility.

<Spider-Man>

CHAPTER 6

한 단계씩
밟아나가다

연구하는 사람은 꿈을 꾼다. 노벨상이 눈앞에 있는 것 같기도 하고 신기루를 쫓고 있는 것 같기도 하다. 우리 연구실에서도 신기루를 쫓아 새로운 개념의 뇌(척수) 오가노이드를 만들기 위해 노력해 왔다. 처음 시도해 보는 일이라 아주 막막했지만 우여곡절을 거쳐 한 단계에서는 성공하고 그 다음 단계에서는 실패하는 일상을 보내고 있다.

"큰 힘에는 큰 책임이 따른다"는 말은 영화 〈스파이더맨〉에서 스파이더맨의 삼촌 벤이 한 말로, 스파이더맨의 평생 모토가 된 아주 유명한 말이다. 연구자가 중요한 발견을 하게 되면 그걸 잘 정리해서 사람들한테 보여주어야 한다는 엄청난 책임감이 생긴다. 큰 다이아몬드 원석을 발견했는데, 그걸 잘게 쪼개서 옷에 장식하는 큐빅이나 만들 수는 없지 않은가. 우리는 미니척수를 만드는 방법을 터득한 이후에 기쁨보다는 그 책임감을 크게 느끼고 고통을 겪어왔는지도 모른다. 6장에서는 우리 연구실에서 진행되고 있는 미니척수 연구 프로젝트에 대해 이야기해 보겠다.

이 이야기는 성공담이 아니다. 오히려 어떻게 실패와 고생을 했는지를 담고 있는 실패담이다. 어쩌면 부끄럽기도 한 연구실의 내밀한 이야기를 들추어내는 이유는, 연구한다는 것이 과연 어떤 일이고 실제로 어떤 과정으로 진행되는지를 독자들이 조금이나마 느껴볼 수 있기를 바라는 마음에서다.

연구 방향을 설정하다

2010년 가을, 1년간 미국에 연구년을 갔다가 돌아온 직후에 나는 방황하고 있었다. 2002년에 귀국한 이래 진행해 오던 연구에 일종의 싫증을 느끼고 있었던 것 같다. 미국에서 연구원을 하던 시절부터 생각해왔던 연구를 계속하고 있었으니 약 10년 동안 비슷한 연구를 한 셈이고, 한국에 돌아온 뒤 새로운 환경에서 자리잡기 위해 스트레스를 받아가며 연구를 이어간 지도 7년이 훌쩍 넘었으니 그럴 만도 했다. 원래 타고난 천성이 새로운 것에 호기심을 쉽게 느끼는 만큼 싫증도 빨리 느끼는지라 한 분야만 꾸준히 파는 게 내겐 쉽지 않았나 보다. 내가 하던 연구는 어른의 뇌에 있는 뇌 줄기세포가 어떤 역할을 하는지 알아보는 것이었는데, 연구를 처음 시작했던 2000년대 초반에는 이러한 연구가 세계적인 관심사였다. 솔크연구소의 프레드 게이지가, 어른의 뇌에서도 새로운 뉴런이 계속 만들어진다는 발견을 처음으로 발표한 직후였기 때문이다. 이 발견은 이런 현상을 잘 이해하고 조절할 수 있으면 뉴런이 죽어서 없어지는 각종 질병을 고칠 수 있지 않을까 하는 희망을 가져다 주었다. 여기에 희망을 걸고 전 세계에서 많은 연구자가 연구를 진행하게 되었고, 나 역시 그중 한 명이었다.

이렇게 대박 논문이 된 게이지 박사의 논문은 이미 7,000번 이상 다른 논문에 인용되었다. 2,000번 이상 인용된 논문이 있는 과학자가 전체의 0.01%이고 이들을 대략 노벨상에 가까이 간 연구자로 본다고 하니 참으로 놀라운 숫자이다. 나는 뇌줄기세포가 도대체 왜 계속 뉴런을 만들어야 하는지 궁금했는데, 좀 더 공부를 하다 보니 이상한 점은 새로 만들어낸 뉴런의 약 70%가 별 기능을 하지 못하고 죽어서 없어진다고 했다. 이 질문에 대답을 찾으려고 거의 10년을 보낸 셈이다. 연구 결과가 매우 흥미롭긴 했고, 내가 할 수 있는 최선을 다했다 싶게 연구를 한 결과 새로 해답을 찾은 것도 있었지만, 도저히 나로서는 답을 찾을 수 없겠다 싶은 벽에 부딪힌 기분을 느끼기도 했다. 나 말고도 많은 연구자들이 비슷한 일을 하고 있다 보니, 새로운 발견을 하고 싶다기보다는 경쟁에서 이기고 싶어하는 스스로의 모습을 발견하고 큰 회의감이 들었다. 이러한 여러 가지 정황이 겹치면서, 이제는 다른 일을 해야겠다는 생각을 갖게 되었다. 마침 이때에 찾아온 것이 연구년이라는 기회였다. '연구년'은 사실, 7년마다 1년을 일요일에 휴식을 취하듯이 쉰다는 의미로 기독교적인 문화를 가진 국가와 대학에서 시행하는 안식년sabbath year이라는 제도를 바꿔 부르는 이름이다. 연구자가 하고 싶은 연구를 하지 않고 쉰다는 것은 상식적이지 않고, 제대로 된 연구자라면 이 안식년의 기회를 다른 곳으로 가서 지금 진행하고 있던 연구와는 다른 종류의 일을 1년간 탐색할 수 있는 기회로 쓰기 때문에, 대학에서 강의나 행정 업무를 하지 않고 연구에만 전념하는 해라고 해석해서 이를 '연구년'이라고 부른다. 대학에서 교수로서 연구를 시작한 지 8년 만에 나는 새로운 길을 찾고 싶었고, 때마침 연구년이라는 기회가 찾아온 것을 보면, 연구년은 나름 쓸 만한 제도라는 생각이 든다. 만일 이때 일상에서 벗어나서 새로운 도전을 할 기회를 갖지 못했다면, 지금껏 무료함과 나태함에서 벗어나지 못했을지도 모른다.

나는 연구년을 미국 캘리포니아의 샌디에이고에서 보냈고, 인간 줄기세포 연구를 경험해볼 수 있었다. 당시 캘리포니아는 줄기세포의 황금광 시대를 누리고 있었다. 미국에서는 조지 부시 대통령 시절 인간 줄기세포를 태아의 일부로 보아야 한다는 원리주의자들 때문에 인간 줄기세포를 이용한 연구에 연방정부의 연구비 투자가 매우 저조하였다. 이에 대한 반작용이었는지, 적어도 이 사안에 관해서만큼은 더 진보적이었던 터미네이터 주지사, 아놀드 슈워제네거는 캘리포니아의 인간 줄기세포 연구를 적극적으로 지원하는 정책을 취하고 있었다. 그러다 보니 캘리포니아에 있는 연구자들은 줄기세포 연구에서 기회를 찾고 있었고, 나 역시 그런 분위기를 느낄 수 있었다. 뭐 그리 대단한 경험은 아니었지만, 이 기간 동안 인간 줄기세포를 배양하면서, 어떤 일을 해야 하는지 생각할 기회가 많았다. 그렇게 연구년을 마치고 귀국한 후,

일본의 사사이 교수가 인간의 망막을 인간 줄기세포로부터 유도해 '미니 눈'을 만들었던 연구 논문을 《네이처》에서 읽게 되었다.[32] 두 가지 이유로 큰 충격을 받았는데, 먼저 슈페만이 도롱뇽의 알을 이용해서 '유도' 현상을 밝힌 지 약 한 세기가 지난 뒤에 인간 세포에서 출발해서 새로운 장기를 만드는 경지에 도달했다는 사실 때문이었다. 또 하나 충격은, 좀 부끄러운 이야기지만 이 논문 이전에도 이미 미니 대뇌를 만들었던 사사이 교수 연구팀의 선행 논문이 몇 개나 있었는데, 그 사실을 전혀 모르고 있었다는 점이었다. 요즘은 워낙 전 세계적으로 여러 연구자들이 동시다발로 연구를 진행하고 있기 때문에 지금 하고 있는 분야에서 조금만 벗어나도 세상에 신기한 일들이 일어나고 있는 걸 모르고 있기 쉽다. 선배 연구자들로부터 '한 우물을 꾸준히 파야지 뭐라도 기여할 만한 일을 할 수 있다'는 말을 자주 들었는데, 약간만 다른 분야로 가도 무엇이 중요하고 어떤 연구 결과를 중요하다고 할지 잘 모르기도 하니, 색다른 연구를 시작하려면 늘 불안하고 두렵다.

위험한 곳으로 나아가는 사람은 용감한 사람이기보다는 현실 속에 있는 게 더 어려운 겁쟁이 루저일 가능성이 높다. 인류의 진화도 울창한 나무들이 사라져서 초원이 생기면서, 더 이상 나무 위에서 살기 어려워진 조상 유인원이 초원 쪽으로 내몰리면서 일어난 사건이라는 주장이 있다. 초원에서는 사자 등 포식자한테 더 쉽게 노출되니까 직립보행 방식으로 몸집이 커 보여야 할 필요가 있었고, 직립이 더 쉬운 유전자를 가진 인류의 조상이 상대적으로 생존하면서 현생 인류의 모습을 갖추게 되었다는 설명이다. 일단 직립을 하다 보니 아기를 손으로 들어야 했고, 이에 능숙한 인간이 성 선택적으로 더 유리하고 생존에도 유리해지면서 점점 더 완전한 직립과 손을 사용하는 능력을 주는 유전자 조합이 선택되는 방향으로 진화되었다는 주장인데, 상당히 설득력이 있다. 물론 이 외에도 아주 많은 이유가 복합적으로 작용해서 인류 진화를 지탱해 왔을 테고, 이러한 가설이 얼마나 결정적인 영향력을 끼친 것인지 밝히기는 어려우니 과학적으로 증명된 설명이라고 하기는 어렵다. 그래도 우리 내면 어딘가에는, 두려움에 떨지언정 현재 상태에서 밀려나와 초원으로 나아가는 찌질함과 용기의 중간 어딘가쯤에 해당하는 능력이 있을 것이다. 나도 그랬다. 성체신경줄기세포에 대한 연구에서 인간배아줄기세포를 가지고 뇌 오가노이드를 만드는 연구 쪽으로 관심을 돌리게 된 것이다. 제일 먼저 시작했던 일은, 내가 뇌 오가노이드 만드는 일에 관심이 있다고 떠들고 다니면서, 관심을 갖는 동료 학생을 찾는 일이었다. 몇 년을 지내다 보니, 비

　　　　나는 뇌를 만들고 싶다

로소 이 일에 관심이 있는 학생이 생겼다. 사실 교수와 꿈을 함께하는 학생을 찾는다는 게 여간 어려운 일이 아니다. 교수와 학생은 입장도 다르고 생각하는 것도 많이 달라서, 비슷한 꿈을 꾸는 학생을 만난다는 것은 여간한 행운이 따르지 않으면 안 된다. 학자가 성공하는 세 가지 방법이 있는데, 첫 번째가 좋은 스승을 만나는 것, 두 번째가 좋은 동료를 만나는 것, 세 번째가 좋은 제자를 만나는 것이란다. 본인의 능력보다 누굴 만나는가가 중요하단 말이다. 여하간 이렇게 해서 어렴풋한 목표를 정하고, 실험을 함께할 사람도 생겼으니 뭔가를 시작할 수 있게 되었다.

어떻게 시작할까

대략의 계획은 세웠지만, 일단 줄기세포를 잘 키울 줄 알아야 하는데 그것부터가 문제였다. 세포를 키운다는 게 말처럼 간단한 일이 아니다. 사람의 세포는 원래 따로 살아가는 존재가 아니므로 따로 떼어내서 키우려면 조건을 잘 맞춰주어야 한다. 인간 줄기세포를 배양하는 일이 까다롭긴 하지만 워낙 세계적으로 많은 연구자들이 배양해 왔으니, 배지나 영양 인자

같은 것들은 가격은 비싸도 구하기는 쉬운 편이었다. 하지만 줄기세포는 원래부터 다양한 세포로 분화할 수 있는 능력을 가진 세포이다 보니, 세심하게 키우지 않으면 자기도 모르게 분화되어 버린다. 아주 빨리 자라는 세포이기도 해서 배지를 자주 갈아주어야 한다. 거의 매일 배지를 갈아주다시피 해야 하는데, 다시 말해 토요일 일요일 구분 없이 매일매일 연구실에 잠시라도 와서 세포를 돌봐주어야 한다는 뜻이다. 마치 어린아이 키우는 부모라도 되듯이 말이다. 사정이 이렇다 보니, 책으로만 읽어서는 알 수 없는 줄기세포 배양의 암묵적인 지식과 경험이 반드시 필요하다. 다행히 같은 대학에서 우리보다 먼저 인간 배아줄기세포를 키우면서 연구를 하고 계시던 금동호 교수님께 부탁드려 우리 학생을 위탁 교육할 수 있었다. 학생을 보내서 6개월 정도 그쪽 연구실에서 기술도 배우고 경험을 쌓게 만드는 것이다. 이런 도움은 쉽게 받을 수 있는 성격의 것이 아니다. 다행히 성공의 한 가지 요소인 좋은 동료(선배 교수님)가 계셨다. 그렇게 위탁 교육을 받고 나서야 비로소 우리 연구실에 있는 세포배양실에서 인간 배아줄기세포가 자라는 모습을 볼 수 있게 되었다.

인간 배아줄기세포를 키우기 위해서는 또 다른 까다로운 과정이 필요한데, 그것은 바로 법적 규정을 준수하는 것이다. 세포를 키우는 데 보통은 규제가 별로 없지만, 인간 배아 줄기세포는 그 규정이 매우 까다롭다. 그 이유는, 배아줄기세 포를 처음 만들 때 인간의 수정란을 파괴하여야만 하는데, 인 간의 수정란은 그 상태 그대로 살아갈 수는 없으나 한 명의 완전한 인간이 될 수 있는 모든 자질을 갖고 있는 건 사실이 니, 윤리적 문제가 제기될 수 있다. 또한 배아줄기세포는 완 벽하지는 않아도 인간을 구성하는 모든 요소를 만들 수 있는 능력을 가진 세포이니, 여느 인간 세포와는 다른 특별한 윤 리적 지위가 있다는 의견이 많다. 이러한 맥락에서, 보수적 인 기독교 중심 가치관에서는 인간 수정란을 파괴하여 새로 운 배아줄기세포를 만드는 것은 물론, 이미 만들어진 배아줄 기세포를 가지고 연구하는 것도 껄끄러운 일이다. 그래서 미 국의 보수적인 공화당 조지 부시 대통령 시기에는 배아줄기 세포 연구가 억제되었던 것이다. 우리나라에서는 황우석 사 태 이후 배아줄기세포를 가지고 하는 연구를 더 면밀히 들여 다봐야 한다는 여론이 들끓었고, 생명윤리법이 제정되면서 배아줄기세포로 연구를 하려면 거의 사람을 대상으로 하는 연구에 가까운 다양한 사전 승인과 신고가 필요하게 되었다. 그래서 우리나라에서는 배아줄기세포를 대상으로 하는 연 구를 하기 위한 사전 준비 작업이 아주 많다. 연구를 윤리적인 가이드라인에 맞추려면 꼭 거쳐 가야 하는 길이기는 하지만, 과정이 복잡하다 보니 잘못을 범할 수도 있고, 시간이 오래 걸리다 보니 아주 강력한 의지 없이는 배아줄기세포 연구를 시작조차 하기 어려운, 문턱이 하나 생긴 셈이다. 어찌하겠나, 연구를 하려면 이 문턱을 넘어서야 한다. 처음에는 이 부분 역시 선배 및 동료 교수님의 도움을 받았다. 어떻게 해야 하는지 하나하나 배우고 모르는 부분은 여기저기 물어 보면서 혹시라도 놓친 부분은 나중에라도 문제를 해결하면서 차근차근 해나갔다. 아직도 법적인 과정을 해박하게 알고 있는 것은 아니지만, 이제는 조금 익숙해져서 1년에 한 번씩 하는 연구윤리 보수 교육을 받아가며 연구하고 있다. 이런 프로세스를 가지고 잘 관리하는 것 자체에 불만은 없으나, 이러한 과정을 거치려면 인력과 시간을 써야 하기 때문에, 결국 연구 개발 비용이 상승한다는 점만은 꼭 지적하고 싶다. 안전하고 윤리적이기 위해서는 돈이 들어가며, 더 안전하게 하려면 더 많은 돈이 들어간다. 그러니 어느 정도가 적절한 선인지에 대한 사회적 합의가 반드시 필요하다. 우리나라에 황우석 사태가 없었다면 좀 더 과학자의 상식을 믿고 줄기세포 연구를 하고 있을 텐데, 그 사건이 연구자들을 더 힘들게 하고 사회적으로도 반칙을 감시하기 위해 더 많은 돈을 쓰게 만든 셈이다.

어떤 미니뇌를 만들까

내가 만들고자 목표로 삼은 것은 미니척수이다. 여태 미니뇌 이야기를 해놓고 갑자기 미니척수를 만들겠다니 적잖이 의아할지도 모르겠다. 척수*는 우리말로는 등골이라고 부르는 부분으로, 뇌에서 콩나물 줄기처럼 길게 나와서 척추 속에 들어가 있다. 이 척수로부터 많은 신경이 뻗어 나와 우리 몸 곳곳으로 퍼져 나가서, 뇌와 온몸이 연결되도록 하는 중요한 부분이다. 척추뼈와 척추뼈 사이에 있는 디스크(추간판)가 빠져 나와 척수에서 나오는 이 신경다발을 누르게 되면 매우 아프고 잘 움직이지 못하는 상태가 되는데, 이게 흔히 디스크라고 부르는 병이다. 척수를 배양접시에서 만들어 보고 싶었던, 하면 잘 할 수 있을 것 같았던 이유는 몇 가지가 있다. 먼저 나는 1997년 한국에서 박사학위를 한 뒤 일본과 미국에서 약 5년간 척수의 발생과 척수 질환에 관한 연구를 해온 경험이 있어서 척수 연구에 익숙했다. 뿐만 아니라 뇌에 비해서 척수에 대해서는 상대적으로 관심도가 좀 적기 때문에 연구를 계

---

*   척추가 아니다. 척추는 척수를 감싸고 있는 등뼈이다. 의외로 이걸 헷갈려 하는 사람들이 많이 있다.

획하고 시작하던 당시에만 해도 미니 대뇌, 미니 눈, 미니 중뇌, 미니 소뇌 등 다양한 성공 사례가 이미 논문으로 발표되었지만 미니척수에 대한 논문은 아직 발표되기 이전이었다. 과학자라면 누구라도 같은 시간을 들여서 두 번째가 되고 싶지는 않을 테니 이것은 중요한 문제이다. 첫 번째가 될 기회가 남아 있는, 아직 너무 늦지 않은 때였다. 또한 2010년에 한국으로 돌아온 뒤 미니뇌 연구에 대해 구상하던 한편으로는 척수 발생에 관한 연구를 진행하고 있었는데, 여기서도 흥미로운 결과들을 막 얻고 있던 때였다. 그러므로 경험이나 새로운 발생 과정에 대한 지식 등에 있어 어느 정도 경쟁력이 있다고 생각하였다. 특히 꼬리쪽(사람은 꼬리가 없지만, 해부학적으로 엉덩이쪽을 꼬리쪽이라고 표현한다)의 척수 발생은 그 위쪽과는 조금 다른 과정으로 만들어진다는 사실이 비교적 최근에 밝혀져서, 그런 방법을 도입하여 미니척수를 만들려고 시도한 사람이 아직 없었다.* 그러니 이런 정황을 종합해 볼 때 우리가 할 수 있으리라 여겼고, 아직 다른 사람들이 시도하지 않았음을 확인했으니, 미니척수를 만드는 것이 좋은 출발점이라고 생각한 것이다.

나는 뇌를 만들고 싶다

이제 시작해 볼까

앞서 설명한 대로 줄기세포를 키우면서 특정 뇌(척수) 부위로 발달하게 하는 유도 인자를 처리하면 미니뇌(척수)를 만들 수 있다. 이 과정에서 고려해야 할 사항들이 몇 가지 있는데, 어떤 인자를 언제 얼마만큼 넣어야 하는지 최적의 조건을 찾아야 하고, 또한 입체 뇌(척수) 조직과 비슷한 모양을 만들고자 하는 것이니 덩어리 상태로 키워야 한다. 보통 세포 배양은 세포를 바닥에 붙여서 시작하기 때문에 2차원 세포 배양을 3차원으로 바꾸는 과정이 있어야 한다. 그밖에도 어떤 배지를 사용할지, 미니척수를 하이드로젤**에 넣어서 키울지 등의 조건도 따져 봐야 한다. 여러 가지 요소들을 고려하여 좋은 조건을 잡는 것만 해도 엄청난 시행착오가 따른다. 이 과정을

---

*   지금 돌이켜 생각해 보면, 다른 연구팀이 여럿 비슷한 연구를 하고 있었는데도 그때 우리가 모르고 있었을 뿐이다.

**   하이드로젤은 젤리와 같이 말랑말랑하며 물을 많이 포함하고 있는 물질이다. 보통의 조직은 세포와 세포외 기질로 되어 있는데, 이 세포외 기질이 조직이 형태를 잘 유지하고 잘 자라는 것에 도움을 준다고 알려져 있다. 따라서 대부분의 미니 장기를 만들 때, 세포외기질이 많이 포함되어 있는 하이드로젤에 싸서 키우는 방법을 많은 연구자들이 선호한다. 뇌 오가노이드를 만드는 방법들도 대부분 하이드로젤을 사용하는 방식으로 개발되어 있다.

건너뛰어서는 좋은 결과를 얻을 수 없으니 시도하는 수밖에 없긴 한데, 이 시기가 연구자로서는 가장 막막한 기간이다. 훈련이 잘 된 좋은 연구자라면 이 과정을 남들보다 효율적으로 하는 방법을 알고 있기도 하고, 이 과정이 어쩔 수 없는 기간이라는 점을 잘 이해하고 있기 때문에, 너무 조급해 한다거나 흥미를 잃어버리지는 않는다. 한마디로 무리하지 않고 자기 페이스대로 꾸준히 즐기면서 연구를 계속할 수 있다.

지금은 잘 기억나지 않지만, 서점에 서서 단숨에 읽었던 책 중에 '고수'가 되는 방법을 설명한 내용이 있었다. 글쓴이는 무술의 고수였는데, 고수가 되는 과정은 끝없는 훈련이 필요한데, 이 훈련 과정 동안 노력한 만큼 실력이 늘지 않아도 슬럼프에 빠지지 않아야 하고, 오히려 그러다가 어느 순간에 훅 실력이 늘어날 것이라는 기대감을 가지고 있어야 한다고 했다. 또한 '이 정도 즐길 수 있는 실력이면 충분하지'라는 현실 안주 역시 고수가 되는 것을 방해하는 마음가짐이라고 했다. 그 내용을 읽고 나서, 모든 일의 최고 정점은 통하는구나 생각했던 것이, 좋은 과학자가 되기 위해서도 연구 성과에 대한 욕심과 더불어 낙관적 태도를 지니고 있어야만 하기 때문이다. 여하간 이렇게 우리 학생과 나는 1년 이상을 어떤 결과가 나올지도 눈치 채지 못하면서 시행착오를 반복할 수밖에 없었다. 아마 나보다는 이 실험을 직접 담당했던 학생이 훨씬 더 고민이 많았을 텐데, 주변 동료들은 일이 잘 되는 것 같은데 나만 잘 안되고 있는 것은 아닌지, 아직 별다른 결과가 없으니 교수(나)와의 면담이 걱정도 되고 만나봐야 할 말도 없고 잔소리만 들을 테니 이만저만 고역이 아니었을 것이다. 이와 비슷한 시간을 보내고 있을 전 세계의 수많은 대학원생들, 연구원들에게 감사하는 마음이다.

우리가 제일 먼저 시도한 것은, 척수를 만드는 능력을 가진 신경줄기세포를 배아줄기세포로부터 유도해 내는 조건을 잡는 것이었다. 보통 미니뇌를 만드는 방식은 일단 배아줄기세포를 3차원 덩어리로 만들어 키우면서 그 덩어리에 유도 인자를 넣어주는 방식이다. 전통적으로 배아체embryonic body를 만들어서 배아줄기세포를 키우거나 분화시키는 방법을 많은 연구자들이 이용하다 보니, 그 기반으로 실험 방법이 만들어져 있다. 우리는 인간 배아줄기세포를 키워본 경험이 적었고, 일단 덩어리를 만들고 나면 분석하기가 어려워지니, 일단 2차원에서 배아줄기세포를 척수 신경줄기세포로 유도하는 방법부터 정확히 파악해 보자는 마음이었다. 2차원에서 척수 신경줄기세포를 유도하는 방법은 이미 다른 연구자들이 연구를 좀 해놓아서, 참고할 만한 자료들이 있었다. 그러니 우리 같은 초심자들한테는 이미 남들이 해놓은 연구를 보고 따라하면서 실력과 경험을 키우고 거기에서부터 새로운 길을 모색해 나가는 것이 좋다. 그런데 남을 따라한다는 게 말처럼 또 간단하지가 않다. 해 보면 똑같이 하는 것 같아도 다른 결과가 나오는 경우가 허다하다. 우리가 사용하는 배아줄기세포가 다른 연구실이 가진 배아줄기세포와는 성질이 약간 다를 수도 있고, 우리가 사용하는 시약의 활성도가 약간 다를 수도 있다. 이러한 미세한 차이의 원인을 파악하는 것은 아주 힘들고, 그걸 밝혀 낸다고 해서 남들이 알아주는 것도 아니니, 이런 차이에는 눈을 좀 감고, 우리 연구실에서 잘 되는 방법을 찾아야 한다. 여러 시도 끝에 적절한 조건을 찾기는 했는데, 그 다음 문제는 이걸 어떻게 3차원으로 만들지였다. 두 가지 방법이 있을 텐데, 한 가지는 일단 배아줄기세포를 3차원으로 만든 후에 2차원에서 찾은 조건대로 처리해 보는 것이다. 다른 방법은 일단 2차원에서 척수줄기세포를 만든 후에, 이 세포를 3차원 덩어리로 만드는 방법이다. 어느 쪽이 더 좋을지 모르니 둘 다 해보는 수밖에 없다. 흥미롭게도, 2차원에서는 잘 되었던 인자 처치가 3차원의 배아줄기세포 덩어리에서는 같은 반응을 일으키지 못하였다. 같은 농도의 약물이 같은 종류의 세포에 처리되었는데도, 세포가 2차원인지 3차원 덩어리로 되어 있는지에 따라 그 반응이 완전히 다르다는 것은 매우 중요한 결과이다. 즉 세포가 어떤 상태인지에 따라 유도 인자에 의한 반응성이 달라진다는 것이고, 2차원 세포와 3차원 조직 내 세포는 상태가 많이 다르다는 의미이다. 이러한 현상은 생물학적으로 흔히 관찰되고, 우리 몸속에서 암세포가 3차원으로 덩어리져 자라는 특징이 있음을 생각할 때, 항암제를 개발할 때 2차원 세포 배양에서 얻어진 결과가 좋다고 해서, 환자에게 반드시 좋은 결과가 나오란 법이 없다는 점을 시사하기도 한다. 그래서 요즈음엔 암세포를 3차원으로 배양하면서 약효 검사를 하는 방법이 활발히 시도되고 있다. 암수술을 할 때 환자로부터 암세포를 떼어내어 몸속에 있을 때와 비슷한 형태인 덩어리로 키우면서, 여러 가지 항암제를 배양 중인 암덩어리에 처리, 가장 항암 효과가 좋은 약물을 골라내 그 환자의 치료에 사용하겠다는 생각이다. 이런 방식을 '정밀 의료' 또는 '환자 맞춤형 치료'라고들 한다. 여하간 덩어리에 유도 인자를 처리하기보다는 이미 2차원 유도한 척수신경줄기세포를 척수 모양이 되도록 3차원으로 키우는 방법을 찾아보기로 하였다.

드디어 대발견?

배아줄기세포는 원래 덩어리져 자라기를 좋아하는 세포이다. 그러므로 2차원으로 세포를 키우려면 배양접시 바닥에다 끈끈한 세포외기질을 두껍게 바른 후에 키워야 한다. 그렇게 하지 않으면 세포는 배양접시에서 떨어져 나와 덩어리가 된다. 즉 배아줄기세포를 키우는 동안 덩어리가 되려는 세포를 억지로 펴서 2차원으로 키우는 상황이다. 그러다 보니 배아줄기세포를 척수신경줄기세포로 분화시킨 후 약간만 세포외기질 코팅을 느슨하게 만들면 접시에서 떨어져 나와 저절로 덩어리가 되었다. 처음 이 덩어리들은 대부분 동그란 구형이었는데, 며칠 배양액 속에서 키우다 보니, 어떤 덩어리는 바람 빠진 축구공처럼 쭈글쭈글해지는 모양을 보였다. 좀 더 키우다 보면 이 쭈글쭈글하던 모양은 다시 둥글게 변하였다. 우리가 이러한 모양 변화에 큰 관심을 가진 이유는, 이러한 변화의 근간에 신경줄기세포의 '자기조직화'에 따른 형태 형성 과정이 숨어 있지 않을까 생각하였기 때문이다. 왜 이렇게 생각하게 된 건지 설명하기 위해 신경 발생 과정을 조금 자세히 들여다보자. 뇌와 척수는 초기 발생 과정 중 외배엽에서 유래한다. 외배엽 중 일부는 신경판이라는 다른 외배엽보다는 더 두꺼운 세포층을 이루고, 이 세포층이 안쪽으로 접히면서 배아의 제일 바깥층에서 안쪽으로 밀려들어간다. 안으로 접혀들어간 이 세포층은 외배엽에서 떨어져나와 튜브 모양이 된다. 이러한 모양이 잡히는 과정은 배아가 길쭉한 모양이 되는 과정 직후에 일어나기 때문에, 흡사 긴 종이를 안쪽으로 말아서 튜브를 만드는 과정과 흡사하다. 이 과정을 '신경관 형성'이라고 부른다.

사람의 배아는 대략 원반 형태의 구조물에서부터 모양이 만들어지기 때문에, 몇 겹으로 되어 있는 납작한 판에서부터 형태 형성이 시작한다고 볼 수 있다. 그러나 3차원으로 만든 덩어리는 구형을 가지고 있기 때문에, 비슷한 형태 형성 과정이 일어난다 해도 평면이 안으로 밀려들어가는 것처럼 보이기보다는 쭈그러드는 것과 비슷하게 보일 가능성이 있다. 만일 이게 사실이라면 아주 초기 배 발달 과정에서 일어나는 것과 비슷한 형태 형성 과정을 우리가 배양액 속에서 재현해 낸 것이었다. 아직 정말 그런지를 알아보려면 여러 가지 검증 과정을 거쳐야 하지만, 몇 년간의 노력으로 얻어낸 대발견일 가능성을 처음으로 본 것이다.

이 결과를 본 후에 그 과정을 정확하게 파악하기 위해 여러 가지 노력을 기울여야만 했다. 그냥 현미경으로만 봐서는 그 모양을 정확히 알기 어렵다. 좀 더 자세하게 모양을 살펴보려면 여러 가지 방법이 있겠지만, 그중에서도 레이저공초점현미경이라는 장비를 이용하는 것이 좋은데, 이 장비는 빛이 퍼지지 않는 레이저광의 특성을 이용해서 두꺼운 시료의 안쪽까지 초점이 잘 맞게 영상을 찍을 수 있는 현미경이다.

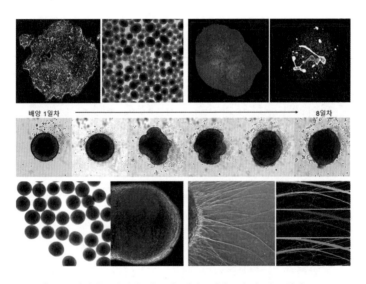

그림6-1 미니척수의 제작. 왼쪽 위: 배아줄기세포와 이들을 3차원으로 만들었을 때 처음 모양. 오른쪽 위: 미니척수로 자라나는 동안의 자세한 형태 이미징. 중간 줄: 미니척수 배양 동안 관찰된 모양의 변화. 아래 왼쪽: 1개월 이상 배양한 미니척수의 모습. 아래 오른쪽: 미니척수로부터 액손의 성장을 유도한 모습. 출처: 고려대학교 의과대학 이주현 박사 제공

나는 뇌를 만들고 싶다

이런 장비를 사용하면 정확하게 3차원 입체의 모양을 스캔할 수 있으니 아주 적합하다. 그런데 이러한 장비의 문제점 중 하나는 조직이나 미니뇌의 경우 크기가 커서 레이저가 깊이 들어가지 못하기 때문에, 전체 이미지를 얻을 수 없다는 점이다. 이 문제를 해결할 비장의 기술을 우리는 이미 가지고 있었는데, 그건 '조직투명화'라는 기술이다. 조직을 투명화하게 되면 레이저 등 빛이 조직에 깊숙이 들어갈 수 있기 때문에 조직을 얇게 자르지 않고도 충분히 두꺼운 샘플에서 단면 정보를 고해상도로 얻을 수 있다. 우리가 이 기술에 관심을 가지게 된 것은 사실 오가노이드 연구와는 전혀 상관없는 이유에서였다. 우리 연구실은 의과대학의 해부학 교실에 자리하고 있으며, 동물의 모양이 어떻게 생겼는지에 대한 관심이 아주 높고, 조직을 이러저러한 방법으로 조사하는 기술에 익숙하다. 그러다 보니 주변의 동료 연구자들이 이러한 기술이 필요할 때, 우리가 배아줄기세포 배양법을 배우기 위해 선배 교수님께 도움을 요청했던 것처럼 우리에게 도움을 요청하는 경우가 많았다. 그러다 보니 이러한 연구 기술을 갖추는 것에 대한 일종의 책임감 비슷한 것이 있었다. 앞서 3장에서도 언급했지만, 지금은 MIT의 교수로 있는 정광훈 박사가 스탠퍼드대학에서 연구하던 2013년에 클래러티Clarity라는 기술을 선보여서 생명과학계에 큰 반향을 일으킨 사건이 있었다. 우리도 이 기술을 연구실에서 잘 사용하고 싶어서 이 연구 개발에 참여하게 되었고, 그러다 보니 처음 의도보다 훨씬 깊숙하게 연구에 몰입하게 되면서 크고 작은 여러 가지 기술을 개발하였다. 공동 연구의 결과 조직투명화를 일으키는 장비도 기업과 함께 개발해서 상품으로 판매하게 되었는데, 이러한 경험을 갖추게 된 것은 아주 큰 행운이었다. 이 경험을 바탕으로 우리가 만든 미니척수를 간단히 투명하게 만들 수 있었고, 비로소 우리가 만든 미니척수가 어떻게 생겼는지 아주 자세히 볼 수 있었다. 자세히 들여다보니, 우리 미니척수의 표면에 발생 과정에서 보이던 신경판과 비슷한 세포 배열이 있었고, 미니척수가 쭈그러지는 과정 중에 이 신경판이 안으로 말려들어가면서 신경관을 만드는 것과 비슷한 형태를 쉽게 찾아볼 수 있었다. 놀라운 발견이었다. 그동안 많은 연구자들이 신경관 형성은 배아에 있는 신경 조직 이외의 다른 부분에 의해서 유도되는 것이라고 생각해 왔었는데, 이에 반대되는 결과가 나온 거라서 의견이 분분하였다. 우리 미니척수에는 신경 조직 외에, 배아에 있을 만한 다른 조직이나 세포는 존재하지 않았다. 그러므로 이 연구 결과를 가장 긍정적으로 해석하면 우리는 척수가 만들어지는 과정을 시험관 안에서 재현

나는 뇌를 만들고 싶다

하는 배양법을 개발했고, 이를 통해 그동안 의견이 분분하던 인간 발생에 얽힌 논쟁들에 새로운 연구 방법을 제공하게 될지도 모른다.

큰 결과에는 큰 책임이 따른다

이러한 초기 관찰로 우리는 큰 기대감을 갖게 되었다. 마침 그때 우리 연구실에서 원래 해왔던 미토콘드리아 연구가 주목받을 만한 좋은 논문으로 출판되게 되어서, 미니척수 분야에서도 좋은 성과를 내야겠다는 기대와 욕심이 한꺼번에 커졌다. 사실 성공하는 과학자는 호기심만으로는 만들어지지 않는다. 순수한 호기심만으로는 하고 싶은 연구를 위한 자금을 모을 수도 없고, 작은 난관에도 쉽게 포기할 가능성이 높기 때문이다. 이 연구를 기필코 내가 완성하고 말겠다는 의지도 있어야 한다. 과학적 발견이란 내가 꼭 하지 않더라도 언젠가는 누군가가 발견할 일이다. 그러니 기필코 내가 그 발견과 연구를 해내야겠다는 생각 없이는, 매일매일 연구실에 나와서 주말도 없이 연구한다는 게 가능하지 않다. 특히 요즘처럼 학생들의 권리에 대한 사회적 각성이 높은 분위기에서 교수가 주말에 학교에 나와서 일하기를 강요할 수도 없지 않은가. 그런 점에서 연구실의 누군가가 좋은 업적을 내고 성공하는 것만큼 강한 자극은 없다. 모두들 동료의 성공을 축하하는 동시에, 그런 영광을 본인도 누리고 싶다는 강한 욕구가 끓어오른다. 한편으로는 위기관리도 필요하다. 이러한 분위기를 긍정적으로 몰고 가면 역동적인 힘이 만들어지지만, 잘못하면 시기와 질투라는 부정적인 상황이 만들어지기도 한다. 더욱더 안 좋은 상황은 욕심이 넘치다 보면 자칫 자신도 모르는 사이에 선입견에 빠져들어 자기가 바라는 결과가 나왔다고 생각하면 곧바로 진실이라고 믿어 버릴 수가 있다. 교수가 결과가 어떻게 나올지 너무 강하게 방향을 예측하고 압박하면, 원하는 대로 결과를 조작하는 경우까지도 생길 수 있다. 일단 그렇게 결과 해석이 왜곡되고 나면, 그 연구는 그대로 끝장이다. 보통 한 연구를 마치고 남들에게 공개할 때까지 최소 3년, 길게는 7~8년도 걸린다. 그만큼 오랜 시간과 비용이 들어가는 일이고, 연구하는 동안 많은 동료들의 도움도 받아야 한다. 그런 만큼 연구 성과에 대해 책임을 져야 하는데, 중간에 잘못 해석한 결과가 하나 끼어들면, 그걸 찾아내서 돌이키는 데는 정말 많은 힘과 노력이 들어간다. 그러므로 큰 기대감을 주는 대발견일 것 같은 생각이 드는 순간부터 태도를 바

나는 뇌를 만들고 싶다

꾸어야 한다. 직접 실험하고 있는 학생이 열정과 욕망에 휩싸여 있다고 가정하고, 최대한 부정적인 시선으로 나온 결과를 들여다보고 비판적으로 조언을 해야 한다. 안 그러면 다 같이 함정에 빠져들어 결국은 중요한 발견을 성공으로 만들어 낼 수 없다. 실험을 직접 진행하고 있는 학생 연구원의 입장에선 참으로 난처한 상황이다. 대발견을 해서 좋을 줄 알았는데, 갑자기 요구 사항이 늘어나고 교수는 생각지도 못했던 가능성을 자꾸 들이대면서 계속 부정적인 의견을 내놓으니, 자기가 정말 잘하고 있는 건지도 모르겠고 혼란스러워질 따름이다. 내가 그런 입장에 놓인 학생들에게 입버릇처럼 해주는 말이 있다. "당신은 큰 발견일지 모르는 결과를 낚았으니 이제는 큰 책임을 질 수밖에 없다."

이렇게 우리는 처음 발견한 미니척수의 모양 변화가 배 발생 중 관찰되는 신경관 형성 과정과 얼마나 비슷한지 2년간 자세히 조사하였다. 대략의 결론을 말하자면, 인간 척수 발생과 완전히 똑같지는 않지만, 여러 가지 중요한 특징을 보여주기 때문에, 우리 미니척수를 잘 해석하면 인간 척수 형태 형성 과정을 이해하는 데 도움이 될 것이다. 그런데 지금은 가능성만을 제안해야 하니 아직은 충분하지 못하다. 우리한테 필요한 것은 가능성이 아니라 그 가능성을 실제 검증한 결과이다. 여기까지 파악하는 데 이미 3년 이상을 썼는데 아직도 부족하다니 답답하긴 하지만, 이전 미토콘드리아 연구가 좋은 성과를 내는 데에도 꼬박 7년이 걸렸다. 충분히 완성도 있는 연구를 발표하려면 아직도 훨씬 더 많은 시간과 노력을 들여야 한다. 하지만 미토콘드리아 연구와 달리 미니척수 연구는 좀 더 구체적인 경쟁자들이 있는 상황이다. 미니뇌 분야는 매우 빠르게 성장하고 있어서 우리 말고도 비슷한 결과를 내놓고 있는 다른 경쟁 팀들이 눈앞에 존재한다. 마음은 급하지만 우리 모델이 잘 적용되어 기존에 해결 불가능한 문제를 해결하는 사례를 찾아야 한다. 흔히들 미니뇌 연구자들은 이럴 때 유전 질환 모델을 제안해 왔다. 특정 유전자의 질환이 뇌 발달에 문제를 일으킨다는 점은 환자 유전체 연구나 유전자 조작 생쥐를 이용한 연구를 통해 상당히 알려져 있으므로, 환자로부터 세포를 채취해 유도만능줄기세포(iPS)를 만드는 방법을 이용할 수 있다. 또한 배아줄기세포에 유전자 편집을 가해 원하는 유전자 돌연변이가 있는 세포를 만든 후에, 그 세포로 미니뇌를 제작해서 환자에게서 보이는 것과 비슷한 문제를 보이는지 찾아보는 방법을 이용할 수도 있다. 이런 것을 '질환 모델링'이라고 한다. 비슷한 전략을 생각해보면, 척수 질환을 모델링하는 게 가능할 텐데, 신경관이 만들어지는

나는 뇌를 만들고 싶다

과정에 문제가 생기면 신경관결손neural tube defects, NTD이라고 통칭해서 부르는 질환이 된다. 신경관결손은 생각보다 매우 많이 발생해서 신생아가 보이는 장애 중 가장 흔한 경우이다. 흔히 임신 중에 엽산을 섭취하는 게 좋다고 하는데, 엽산이 신경관결손 가능성을 낮춘다는 것이 임상적으로 밝혀져 있기 때문이다. 우리 모델에서 신경관형성과 비슷한 과정이 보이니, 신경관결손 질환을 모델링하면 좋겠다는 생각이 들었다. 이제 우리 가설이 맞는지 실험해서 알아 보아야 한다.

신경관결손 모델

신경관결손에 관련된 유전자 변이는 약 100여 개 밝혀져 있다. 이렇게 많은 유전자가 관련되어 있다고 알려져 있긴 해도, 어느 하나 확실하게 밝혀진 건 아니기도 하다. 좀 복잡한 이야기지만, 우리 몸에는 수만 개의 유전자가 있고, 유전자의 염기서열은 사람마다 조금씩 달라서, 개성을 만들어 낸다. 이렇게 많은 유전자 다양성 중에 특정 질병과 연관되어 있는 유전자 변이를 알아낸다는 것이 말처럼 간단하지가 않다. 유전자 서열의 수많은 차이 중에서, 질병을 가진 환자군에서 통계적으로 유의미하게 발견되는, 즉 질환과 연관성이 높은 유전자변이를 수학적 분석을 통해 찾아 내야 한다. 또한 어떤 특징(또는 질병)이 하나의 유전자에 의해서만 관장되는 것이 아니라 여러 개의 유전자 산물이 협력하여 생물학적 기능을 나타내므로, 유전자 하나의 돌연변이가 100% 그 특징과 연관되는 경우는 사실상 드물다. 신경관결손에 관련된 유전자가 100여 개 있지만, 각각의 유전자 돌연변이가 신경관결손이라는 증상과 함께 나타나는 경우가 통계적으로 유의미할 만큼 높은 확률이라는 말이지, 이 유전자 돌연변이가 있다고 해서 100% 신경관결손이 일어나는 것은 아니다. 그러므로 100여 개 유전자 중에서 잘못 고르게 되면, 환자에서 관찰된 유전자변이를 유전자 편집 기술을 이용해서 우리가 사용하고 있는 배아줄기세포에 도입하고, 도입된 세포만을 골라서 충분히 키우고, 이 세포로 미니척수를 만들어 보는 긴 시간과 자원을 투입하고서도 의미 있는 결과를 얻지 못할 가능성이 있다. 우리 연구실은 유전자 편집 기술을 잘 구사하지 못하기 때문에, 이런 훈련에 드는 시간까지 더하면 성공을 자신할 수 없는 전략이다.

이러한 고민의 한 가지 돌파구는, 신경관결손이 유전자 돌연변이가 아니라 약물이나 영양분 부족 등에도 크게 영향을 받는다는 사실에서 찾을 수 있다. 유전자 자체의 돌연변이는 없지만, 환경의 영향에 따라서 유전자의 발현량이 바뀌게 되면, 경우에 따라서 유전자 돌연변이가 못지않게 비가역적이고 강력한 반응이 일어날 수 있다. 이같은 원리를 이용해서 신경관결손을 일으키는 환경을 만들어준다면, 우리 미니척수는 신경관형성 과정에 장애를 일으킬지도 모른다.

1960년대에 미국에서 식약처 승인을 받은 항경련제를 처방 받은 산모들이 이후 신경관결손을 가진 아기를 낳는 사건이 일어난 적이 있다. 이 항경련제의 유효 성분은 발프로산valproic acid으로, 그 기전은 명확하지 않으나 경련(간질)을 떨어뜨리는 효과가 있기 때문에 현재도 사용되고 있는 약물이다.[33] 다만 1960년대의 이 사건 이후, 산모에게는 처방하지 않는다. 이 약물을 처리하면 미니척수의 형태 형성이 방해받지 않을까? 만일 그렇다면 우리 미니척수를 이용해서 혹시 신경관결손을 일으킬지도 모르는 약물을 검사하는 방법을 만들 수 있지 않을까 하는 데에 생각이 미치게 되었다. 이런 생각이 들자, 우리가 하는 일을 이용해서 더 안전하게 신약 개발을 할 수 있지 않을까 기대감을 갖게 되었다. 실제 발프로산을 배양 중인 미니척수에 처리해 보니, 모양이 쭈그러지는 일이 일어나지 않았으며, 농도 의존적으로 그 효과가 강해졌다. 이러한 발견은 가설을 강하게 지지하는 것이었으므로, 우리는 더욱 고무되었다. 이후 이 과정을 더 자세히 생물학적으로 분석한 후에, 이 내용을 정리하여 논문 투고하기로 하였다. 연구를 시작한 지 4년 만에 마무리를 생각하게 된 것이니, 이전에 우리가 했던 다른 연구에 비하면 대단히 빨리 결과를 얻었다고 생각되었다. 그만큼 고생과 노력도 많이 들어간 일이긴 했지만.

논문 투고

이제 연구 결과를 모아서 논문으로 꾸며 저널에 투고해야 한다. 연구 결과는 도표와 그림으로도 정리하는데, 간결하면서도 메시지가 명확히 전달되어야 한다. 직접 연구를 한 사람은 세세한 내용을 다 알기 때문에 그림을 보면 금세 무슨 말인지 알겠지만, 처음 논문을 접하는 사람도 무슨 말인지 쉽게 알아볼 수 있도록 그림을 편집하는 일에는 많은 훈련이 필요하고 엄청난 노력이 들어간다. 논문을 쓰는 과정도 매우 세심해야 하는데, 혹시라도 잘못된 용어를 쓰면 안 되고 단어 하나하나도 엄정한 개념을 염두에 두고 작성하기 때문에 아주 오랜 시간이 걸린다. 이전에 한 연구 결과들을 잘 요약하여 현재의 문제점, 연구자가 해결하고자 한 쟁점이 무엇인지 명확하게 설명해야 한다. 만일 이전 결과 중 우리 연구와 관련된 논문을 참고하지 않고 작성하게 되면, 남이 이미 했던 일을 우리가 새롭게 발견한 것처럼 오해하여 잘못 작성할 수 있다. 논문을 투고하면 전문가들이 읽고 심사하기 때문에, 이런 일이 생기면 곤란하다. 연구 결과를 더 좋게 보이려고 일부러 다른 관련 논문이 있다는 사실을 숨긴 부도덕한 연구자이거나 공부를 열심히 하지 않아서 이 분야를 잘 모르는 초보 연구자, 둘 중 하나라고 생각할 테니까, 연구 결과물을 속였거나 부주의하게 연구 결과를 다루지 않았나 의심받을 수도 있다. 대개의 저널은 참고 문헌의 개수와 글자수 제한을 둔다. 그렇게 하지 않으면 많은 연구자들이 앞서 말한 함정에 빠지지 않으려 참고 문헌을 무한정 늘리려고 할 것이다. 예전에 저널을 종이에 인쇄하던 시절에,* 논문이 길어지면 비용도 따라서 상승하므로 저널 측에서 이를 좋아하지 않았던 전통이 있다. 뿐만 아니라 SNS와 유튜브가 일상인 현재를 생각해 봐도, 장

---

* 지금은 대부분의 저널이 전자 출판만을 한다. 굳이 종이로 인쇄해서 우편으로 부치느니 인터넷으로 유통하는 게 훨씬 합리적이다.

황하게 긴 글 읽기를 즐겨 하는 사람은 찾기 힘들다. 꼭 필요한 정보만으로, 원하는 논리를 작성해야 한다. 결과를 정리한 뒤에 연구의 최종 결론을 낼 때, 우리가 만든 결과에 의해 증명된 내용들로만 결론을 내야 한다. 좀 과도하게 연구자 본인의 의견을 넣으면, 대개 아주 나쁜 평가를 받거나 그 의견을 증명할 실험을 추가해야 한다는 평가를 받게 된다. 이런 평가 때문에 1~2년을 더 실험하게 되기도 한다. 그러므로 결론은 증거에 입각하여 엄정하게 적어야 한다. 이런 모든 과정을 거치면서 여러 번 논문을 고친 뒤에나 투고할 만한 완성도에 다다른다. 많은 경우 동료 연구자들에게 작성한 논문을 읽어달라고 해서 혹시나 있을 오류나 억지스러운 부분을 걸러내는 수고도 해야 한다. 나처럼 영어가 모국어가 아닌 연구자라면 논문을 영어로 제출하기 때문에 영어 표현이나 문법상 오류가 있지는 않은지 검토하는 과정도 필요하다. 영어가 서툰 논문을 읽으면서 평가자가 좋은 인상을 받을 리는 없지 않은가. 비영어권 연구자가 하도 많다 보니, 요즘에는 전문적으로 논문의 영어 교정을 해주는 업체가 많이 있어서 그나마 도움을 받기 쉽다. 내가 대학원생이던 20세기 말에는 이러한 서비스를 받기도 어려웠고 내 영어도 지금보다 더 신통치 않았던 탓에 논문을 투고하면 '서툰 영어를 수정해야 논문을 받아주겠다'는 부끄러운 심사 의견을 종종 받곤 했다. 조만간 AI가 언어의 장벽을 완벽히 없애주길 바란다.

우여곡절 끝에 비로소 우리 논문을 우리 분야에서 상당히 좋은 저널에 투고하였다. 이런 저널들에 논문을 내 보는 게 많은 연구자들의 소원일 정도로, 실제 논문을 게재하기는 상당히 어렵다. 워낙 많은 연구자들이 논문을 투고하기 때문에 이런 저널들은 전문 에디터를 고용하고 있는데, 이들이 투고된 논문을 읽고 1차 판단을 한다. 이때 에디터들은 논문의 내용을 읽고 과학적인 평가를 하는 것은 아니고, 이 논문이 자기 저널에 실을 가치가 있는 주제를 다루고 있는지를 판단한다. 이 논문이 얼마나 새로운 내용을 담고 있는지, 독자들이 궁금해 할 만한 논문인지 등을 판단하는 것이다. 연구자들 입장에서야 모두가 세계 최초이고 엄청난 연구 결과이겠지만, 저널에 실을 수 있는 것보다 수십 배나 많은 양의 논문이 투고되는 상황에서는, 엄선 과정이 필수적이다. 대략 투고한 논문의 80~90% 정도는 추가 심사 없이 바로 거절된다. 거절 결과를 받아보는데도 1주일쯤 걸리는데, 이 기간 동안에는 어쩔 수 없이 결과 통지 이메일이 왔는지를 목이 빠져라 수시로 들여다보는 인터넷의 노예가 된다. 우리 논문은 몇 번의 시도 끝에, 외부 심사를 의뢰하겠다는, 즉 1차 심사를 통과

했다는 연락을 받게 되었다. 이 정도 좋은 저널에서 긍정적인 평가를 받은 것은 내게도 처음 있는 일이라서, 초흥분 상태가 될 만도 했지만, 외부 심사를 거친 이후에 20~30%의 논문만이 긍정적인 평가를 받고, 나머지 대부분은 거절당하기 때문에 아직 논문 게재까지는 갈 길이 멀어서, 좋아하기엔 한참 일렀다. 1차 심사를 통과한 우리 논문을 이제 외부 전문 심사위원 세 명 내외에게 보내 동료평가를 해달라고 요청한다. 약한 달을 기다리면, 심사위원들이 우리 논문을 꼼꼼히 읽고, 연구 주제의 과학적인 영향력, 연구 결과의 과학적인 타당성, 결과 해석의 합리성 등을 따져서 평가의견서를 저널 에디터에게 보내준다. 에디터는 심사위원들의 평가를 종합하여 최종 결정을 내린 뒤 우리에게 이메일로 결과를 알려준다.

아쉽게도 이메일로 받은 결과는 게재를 거절한다는 내용이었다. 평가 내용만 해도 몇 페이지에 걸치는 장문의 글이었지만, 간단히 요약해 보면 우리가 관찰한 내용이 흥미롭기는 하나, 배 발생 과정에서 보이는 신경관형성 과정과 얼마나 유사한지를 정확하게 증명하지는 못했다는 점과, 그러므로 발프로산 처리가 오가노이드의 모양을 바꾼 것은 틀림없으나 이것만으로 신경관결손 질환 모델링을 했다고 인정하기는 어렵다는 점을 지적하였다. 에디터 눈에 들려면 우리가 발견한 내용을 좀 더 강하게 써야 하고, 과학자들의 동료평가를 통과하려면 비판적인 관점에서 읽어도 흠결이 없어야 하는데, 우리 논문에 약점이 있다는 것을 이번 실패로부터 배우게 되었다.

재시도를 결정하다

저널에 투고한 논문이 거절되면, 크게 두 가지 선택지가 있다. 내용을 고쳐 다른 저널에 투고해야 하는 건 당연하지만, 심사위원들이 문제 삼았던 최초의 주장에서 물러나서 좀 더 보수적으로 결론을 낼 수 있다. 이것은 우리 연구 성과의 가치를 약화시키는 방향이므로, 좀 더 안전하고 출판이 좀 더 쉬운 저널에 논문을 투고하는 선택지이다. 이와는 달리, 심사위원들의 비판을 반박할 만한 실험을 추가하여 결과를 보강하고 논문을 더 강화하는 선택지가 있다. 이렇게 하면 당연히 시간과 노력은 더 들어가겠지만, 거절당했던 곳과 비슷한 수준의 좋은 저널을 다시 시도해볼 수 있다. 이미 4년 이상의 시간을 보냈는데, 된다는 보장도 없이 다시 1~2년을 더 시도할 것인가, 아니면 이번 결과는 조금 안전한 저널에 출판하고 후속 연구에 집중할 것인가 결정을 내려야만 했다. 어떻게 판단하느냐에 따라 수년 간 고생한 연구 결과가 어떤 평가를 받는지 결정되니 신중해야 한다. 30년 이상 연구를 해온 내게도 쉽지 않은 결정이었다. 더구나 교수의 입장과 주로 연구를 수행한 학생, 그리고 이 연구에 참여한 여러 동료 연구자들의 입장이 서로 다를 수 있기 때문에, 잘못된 판단을 내리면 서로 간에 감정이 상할 수도 있다. 그래서 이런 문제는 대부분 교신저자*인 교수가 결정하는 것이 관례이다. 내 판단에 여러 사람의 이해관계와 운명이 달려 있으니 심사숙고해야 했지만, 우리는 이 연구를 좀 더 보완해서 더 좋은 내용을 가진 연구로 발전시키기로 결정했다. 여전히 우리는 관찰하고 발견한 것이 '큰 결과'라고 믿고 있었으므로, 큰 책임을 지고 얼

---

*   교신저자는 논문을 투고하고 편집자와 연락하는 연락책을 맡은 저자를 의미한다. 편집자 입장에서는 여러 명의 저자가 논문 한 편을 공동으로 투고했을 때, 누군가 대표 저자와 이야기해서 결정하지 않으면 프로세스를 진행하기 어렵기 때문에 논문 투고시 교신저자 1인을 지정하라고 한다. 즉 교신저자는 그 논문을 대표하는 저자가 되는 것이고, 생물학 분야에서는 교신저자를 논문 저자 리스트 중 맨 마지막last author에 적는 게 관례이다. 제1저자first author가 실제 그 연구를 수행하는 데 가장 기여도가 큰 저자(학생)라면, 마지막 저자는 교신을 담당하는 책임 저자의 역할, 즉 교수가 된다. 모든 일에는 예외가 있고, 이러한 관례에 따르지 않는다고 해서 문제가 되는 것은 아니다.

마가 걸릴지 모르는 막막한 추가 연구를 더 진행해 보기로 한 것이다. 사실 이런 결정을 내릴 때 가장 고려해야 할 점은, 경쟁 그룹이 우리보다 먼저 비슷한 결과를 발표하면 어쩌나 하는 문제이다. 몇 년간 수많은 돈과 시간이 들어간 일인데, 다른 사람이 먼저 결과를 발표해 버리면 그 가치가 한참 떨어져 버리기 때문이다. 이미 이 시점에서는 다양한 연구 결과가 여기저기 발표되고 있어서, 당장 내일 우리 연구와 비슷한 내용의 논문이 어느 저널에 발표되어도 이상하지 않을 정도였다. 그럼에도 불구하고, 우리는 우리만큼 형태 분석을 철저히 한 그룹은 없을 것이며, 이를 통하여 신경관결손 문제를 해결할 수 있는 모델 구축에 기여할 것이라는 나름의 판단이 서 있었다. 그러므로 신경관이 만들어지는 과정에 너무 집착하기보다는, 우리가 제안하는 방법이 신경관결손 약물 스크리닝이 가능한 고속 검사 시스템으로 사용될 수 있다는 점을 강조하고 싶었다. 이렇게 하려면 정량적인 분석을 정교하게 할 수 있는 방식으로 배양법을 바꾸어야 했다. 기존에 사용하던 방법은 처음 미니척수를 만들 때 바닥에 붙어 있던 세포를 엉성하게 들어내서 덩어리로 만들기 때문에, 그 크기가 일정하지 않고 들쭉날쭉하였다. 그래서인지 미니척수 하나하나에서 형태의 변화가 일어나는 속도가 조금씩 달랐다. 그러므로 발프로산처럼 효과가 아주 큰 경우는 대조군과 비교해서 차이가 있음을 통계적으로 확인할 수 있지만, 좀 더 미묘한 변화에서는 그 차이를 발견하기 어려웠다. 그러다 보니, 형태 변화에 대한 연구 역시 어쩔 수 없이 주관적인 요소들이 개입할 가능성이 높다. 사람이 눈으로 보면서 샘플을 골라내어 분석하는 것은 그 나름대로 의미가 있긴 하지만, 제약회사 등에서 사용할 만한 표준적인 방법은 아니다. 결과 차이 하나로 수백억 수천억 원의 비용이 움직이는 약물 개발에서, 몇 사람의 주관적 의견이 잘못 개입되길 바라지는 않기 때문에, 보다 객관적이며 재현성 높은 방법으로 발전시킬 필요가 있었다.

처음 배양 시점에서 세포를 잘 다루어, 똑같은 개수의 세포로 미니척수를 만들었더니, 비로소 이전 방법보다 더 균일한 크기의 미니척수가 만들어졌다. 이렇게 하면 어떨까 하는 생각을 이전에 안 해 보았던 것은 아니지만, 서둘러 논문을 내야 한다는 조급한 마음에 제대로 해보지 못했었다. 이렇게 첫 단계를 약간 달리 만든 미니척수도 신경관 유사 구조를 만드는 과정을 비슷하게 보였고, 기타 특징도 이전 방법과 비교할 때 별 차이가 없었다. 하지만 미니척수의 크기가 일정해져서인지, 모양과 형태 변화가 일어나는 속도 등이 한 번에 100개를 동시에 만들어도 거의 모두 비슷했다. 이 과정에서 세포의 숫자, 배양 기간 등을 조절하여 우리가 원하는 대로 아주 세밀하게 성장 속도 조절도 가능해졌다. 이러한 진전은 만일 우리가 개발한 방식을 실제 신약 개발에 이용한다면 굉장한 장점이 될 텐데, 한꺼번에 거의 똑같은 미니척수를 수백 개 만들어낼 수 있다면 그만큼 다양한 약물 테스트를 한꺼번에 할 수 있다. 이러한 개선점을 더욱 부각시키기 위해서는 기술의 완벽함을 더 높여야 했다. 만일 100개의 약물을 우리가 만든 미니척수로 한꺼번에 분석한다면, 거기에는 어떤 걸림돌이 있을까? 100개의 미니척수가 배양기에서 자라고 있는데, 이 미니척수를 매일 하루에 한 번씩만 사진을 찍어서 7일간 배양하면 700장의 사진이 나오게 된다. 그나마 우리 연구실에 고가의 자동화 시스템이 이미 갖춰져 있었기에, 일일이 사람이 사진을 찍지 않아도 미리 시간을 맞추어 두면 자동으로 사진을 찍을 수 있었다. 그러나 수백 수천 장의 사진을 일일이 보면서 크기를 재고 모양을 분석하는 것은 연구자가 직접 해야 하는 일인데, 이 부분을 개선한다면 최소 인원을 투입해서도 거의 반자동으로 우리 시스템을 활용한 약물 개발이 가능해질 것이다. 이 문제를 해결하려면, 이미지 분석에 관한 전문가를 찾아야 했다. 전문가는 의외로 가까운 곳에 있었다. 같은 동네에 살고 있던, 나의 큰아들 친구의 아버님이

AI 솔루션을 만드는 회사 창업에 관여하셨었는데, 이 회사에서는 AI 기술을 이용하여 무인자동편의점 시스템을 구축하는 중이었다. 무인자동편의점을 하려면, AI가 각각의 물건을 인지하고 분석 분류하는 기술이 있어야 하니, 우리 미니척수가 편의점에 들어갈 것은 아니지만,* 이 회사가 구축한 솔루션을 이용해서 미니척수 모양 분류도 할 수 있지 않을까 생각하였다. 흔쾌히 이런 시도를 승낙해 주신 덕분에, 우리 학생이 눈으로 보면서 분류한 수천 장의 미니척수 사진을 보내서 편의점 AI에게 공부를 시킨 후, 분류되지 않은 미니척수 사진을 분석시켜 보니, 경험 많은 학생이 분류한 것과 90% 이상 일치하는 수준의 능력을 보였다. 알파고가 처음에 16만 개의 기보를 보고 학습했다고 했는데, 초기 버전 이후 여러 가지 신기술이 개발되어 이제는 수천 장 정도의 사진만 있어도 90%를 상회하는 정확도를 보였다. 10% 정도 오류가 있는 것이 약간 아쉽긴 하고, 더 많은 미니척수 이미지로 훈련을 시키면 정밀도가 올라갈 테지만, 이 정도만 되어도 우리의 개념을 증명하기에는 충분하다. 한 번만 실수를 해도 사람이 죽을

---

*   미래에 어떤 세상이 열릴지 확신이 없으므로, 편의점에서 미니뇌를 판매하는 것도 완전히 불가능하다고는 할 수 없다.

수 있는 무인자동차의 외부 인식 AI는 아니니까, 기초 연구로 이런 접근이 가능하다는 예시를 보여주는 것으로는 충분하지 않겠는가. 이제 자동화 분석 시스템도 만들었으니 신경관결손을 일으킬지 모르는 여러 약물을 테스트하는 것이 가능해졌다. 그래서 우리는 발프로산 말고 다른 간질치료제 다섯 종류를 더 가져다가 총 여섯 종의 약물을 대상으로 테스트를 하였다. 그 결과, 발프로산 말고도 미니척수 형태 형성을 저해하는 약물을 하나 더 발견하게 되었다. 문헌조사를 해보니, 이 약물 역시 태아에서 신경관결손을 일으키는 약한 부작용이 보고된 바 있었다. 이러한 결과는 매우 고무적이었다!

마지막 결론은 어떻게 될까

여기까지 연구를 심화하는 데 다시 거의 2년 가까운 시간이 걸렸다. 그러는 동안 여러 연구팀이 인간 미니척수를 만들었다고 보고했다. 다른 팀들에 비해 우리는 독특함이 많은 시스템이긴 하지만, '세계 최초'라는 타이틀은 다른 연구팀에게 빼앗긴 것이다. 이런 일은 비일비재하기도 하고 매우 실망스럽긴 하지만, 사실 인류가 만들어낸 지식은 공공재의 성격이 크고, 내가 제일 먼저가 아니더라도 인류 전체로 보면 그 정보는 이미 공개되었으니 크게 잘못된 것도 아니다. 우리는 다른 사람들이 하고 있지 않은 측면의 연구를 더 열심히 해서 그 부분에 기여하면 그만이다. 그나마 우리만큼 정교하게 미니척수를 대량 생산하여 약물 독성 분석에 쉽게 사용할 수 있는 가능성을 보여주는 논문은 아직 나오지 않았으니 말이다. 이러한 측면을 한층 더 부각시켜서 다시 저널에 투고를 하였다. 결론이 무엇인지는 아직 모른다. 심사를 받고 수정하고 다시 심사받는 과정을 또 다시 거쳐야 하기 때문에, 이 논문이 어떤 평가를 받을지는 아직 알 수 없다.

연구 결과를 논문으로 출판하는 데만 1~2년이 걸리는 경우가 허다하니, 이미 많은 사람들이 참고할 만한 중요한 발견과 개발이 있었는데도 저널의 승인을 받기 전까지 정보 확산이 막히는 것은 불합리하다. 매우 빠르게 발전하는 기술과, 인터넷을 이용하면 전 세계에 실시간으로 정보를 확산시킬 수 있는 이 시대에 1~2년이라는 기간은 너무 비효율적이다. 실제 이 기간을 악용하는 사례들이 있다. 예를 들어 경쟁자가 자기와 비슷한 결과를 저널에 투고하여 심사받고 있다는 정보를 입수하고 나서, 더 빨리 출판해 주는 저널에 연구 결과를 먼저 제출하여 우선권을 훔쳐가는 식이다. 이 때문에 '우

나는 뇌를 만들고 싶다

리 저널은 투고 후 1개월 만에 출판을 약속합니다!' 같은 약속이 저널의 판촉 수단으로 활용되기도 한다. 최근에는 이런 불합리성에 대한 대안으로, bioRxiv*와 같은 방식이 개발되기도 하였다. bioRxiv는 연구자들이 작성한 논문을 동료심사 없이 자발적으로 업로드하는 사이트이다. 여기에 올라오는 논문들은 인터넷을 통하여 완전 공개되지만, 아직 다른 심사위원의 전문적 평가를 받은 것은 아니다. 이렇게 하면 소수의 전문가들만 이 논문을 보고 평가하는 것이 아니라, 누구든 이 결과를 미리 볼 수 있다. 저널에서 위촉받은 심사위원이 아니더라도 충분히 비판적으로 내용을 읽고 정보를 얻을 수 있다면, 굳이 막을 필요가 없다. 보통의 저널들은 이중 출판을 막아야 하고, 저작권 문제가 있기 때문에 공개된 자료를 자기 저널에 게재하려고 하지 않는다. bioRxiv는, 대부분의 저널로부터 예외를 인정받아 여기에 업로드한 논문이라고 해도 별다른 불이익을 받지 않는다. 나는 bioRxiv와 같은 시도를 긍정적으로 보는 편인데, 어떻게 보면 전통적인 저널 출판 방

---

* bioRxiv는 미국의 콜드스프링하버 연구소cold spring harbour laboratory라는 기관에서, 페이스북의 창업자인 마크 저커버그의 아내인 챈 저커버그가 만든 비영리기관인 챈 저커버그 재단Chan Zuckerberg initiative의 지원을 받아 운영되고 있다.

식은 권위 있는 누군가로부터 동료평가와 에디터 편집이라는 방식으로 승인 받아야만 가능한 형식이다. 이는 부정확한 정보의 난립을 막고, 출판된 논문에 권위를 부여하는 엄청난 순기능이 있지만, 정보의 자연스러운 흐름을 막고, 권위가 권력으로 작동하게 되어 새로운 이론의 출현을 막는 등의 역기능도 있다. bioRxiv와 같은 새로운 시도는 탈권위라는 시대적인 흐름에 잘 맞기 때문에 많은 과학자들이 자발적으로 이 사이트에 자기 연구 결과를 공개하고 있다. 뿐만 아니라 완전 무료 공개를 원칙으로 하고 있다. 과학자들이 공적 자금을 투입 받아* 만들어낸 성과를 보려면, 기꺼이 세금을 내서 공적 자금 조성에 기여한 일반 시민들이 다시 또 돈을 내야만 한다는 불합리성이 해소된 셈이다. 그렇다면 유료로 논문을 팔던 저널들은 왜 bioRxiv에 동의했을까? 인터넷이 냅스터와 스트리밍 등으로 음악 시장을 완전히 재구성했듯이, 저널도 기존의 방식으로는 수익을 낼 수 없기 때문이다. 저널 출판사는 판권을 갖는 대신 게재료와 저작권을 논문의 저자에게 귀속시키는 방식을 채택하고 있다. 출판사의 속내를 정확히 알

---

* 대부분의 기초 연구는 각국의 정부에서 주는 연구비를 가지고 진행된다. 그러므로 과학 논문은 그 논문이 생산된 나라의 세금으로 작성되는 공공 자산의 성격이 강하다.

수는 없지만, 어차피 자신들은 저작권을 갖지 않기 때문에 이 정도는 양보가 가능하지 않았을까 싶다.

설명이 길어졌지만, 우리의 연구 결과는 현재 이 bioRxiv 사이트에 업로드 되어 있는 상태다. 관심 있는 분들은 찾아보시길 바란다.[34]

Failure is an option here. If things are not failing, you are not innovating enough.

Elon Musk

CHAPTER 7
남아 있는 문제들

"실패는 선택 사항입니다. 만약 실패하고 있지 않다면, 여러분은 충분히 혁신하지 못하고 있는 것입니다." 살아있는 아이언맨, 일론 머스크는 실패를 이렇게 말했다. 미니뇌 기술은 아직 걸음마 단계에 있고, 해결해야 할 문제가 산적해 있다. 그만큼 앞으로도 많은 실패가 있을 거라 예상하지만, 실패가 혁신을 이끌 것이라고 믿으면 좋겠다. 7장에서는 아직 해결해야 할 미니뇌 기술에 관하여 다루려 한다. 이 문제들만 해결된다고 해서 우리가 원하는 수준에 도달할 것은 아니지만, 그래도 몇 가지 문제들을 고민하다 보면 뭔가 좀 더 명확한 해결 목표가 범주화되지 않을까 싶다. 앞에서는 주로 미니뇌 또는 신경과학 연구자들이 어떤 전략을 가지고 미니뇌가 가지고 있는 한계들을 극복하고자 하는지 설명하였다면, 이번 장에서 주로 다루고 있는 문제들은 뇌 연구 외적인 부분들, 즉 다른 관련 연구 분야나 산업 기반, 윤리적 문제 등 미니뇌 연구에 필요하다고 생각되는 타 분야의 발전을 이야기하려 한다. 이런 환경 분석이 미니뇌 연구를 좀 더 폭넓게 이해하는 데에 도움이 되기를 바란다.

미니뇌로 노화를 이해하려는 시도

앞서 4장에서 미니뇌를 만드는 발생학적 원리 세 가지를 들었고, 이러한 원리에 입각하여 미니뇌를 만들 수 있다고 설명하였다. 미니뇌는 초기 배 발달 시기를 거쳐 후기 발생 과정을 지난 뇌 부위의 특성을 나타낸다. 미니뇌가 학습을 하는 수준에 도달하여 있고, 연구실에 따라서는 1년 이상 미니뇌를 시험관 안에서 키우고 있다는 이야기도 있지만, 이 미니뇌를 사람의 나이로 따지면 몇 살에 해당할지에 대해서는 아직 뚜렷한 기준이 없다. 하지만 인간의 발생을 생각해보면, 배아-태아로 38주(266일)를 보내고, 생후 1개월 정도를 신생아 수준의 뇌로 보니까, 1년 정도 미니뇌를 키웠다면 시간적으로는 신생아 정도의 상태이다. 연구자들이 분석한 내용으로 보면, 시험관 안에서 미니뇌의 성숙은 보통 사람의 발생 과정보다는 약간 빠르게 진행되는 것 같다.*35 후하게 쳐서 2배속이라고 가정해도, 1년 키운 미니뇌는 두 살이니, 그나마 의사소통이 가능한 수준인 영유아기와 비슷한 상태라고 볼 수 있다. 사람의 뇌는 태어난 이후 여러 번 급격하게 바뀐다. 또한 평생 새로운 것을 학습할 능력이 있다는 점에서 미세하게나마 늘 변화하고 있다. 영유아기에 감각 및 운동 능력이 정교해지는 변화가 있고, 언어를 습득한다거나 추론 능력이 발달하기도 한다. 이 시기의 변화는 아주 커서, 뇌 회로가 크게 바뀌게 되므로 영아 시기에 겪은 일들을 대부분 기억하지 못하는 게 일반적이다. 기억을 하려면 뇌 회로(시냅스)가 바뀌어야 하는데, 일단 기록되고 나서 기억이 저장된 회로(시냅스)가 바뀐다면 기억이 소멸된다는 뜻이기 때문이다. 따라서 영

* 아주 최근에 발표된 연구 결과를 보면, 이러한 가정은 틀렸을 수 있다. 미니뇌를 키우면서 날짜별로 발달 정도를 유전자발현 분석, 후성유전학적 분석, 전기생리학적 분석 등으로 살펴봤더니, 신생아와 비슷한 특성을 갖기까지 대략 300일이 걸렸다. 자궁 속의 태아와 시험관 속의 미니뇌가 비슷한 시간을 쓰면서 발달한다는 의미인데, 이렇게 보면 어른의 뇌와 비슷한 특성을 가진 미니뇌를 만들려면 수십 년이 걸린다는 말이 되니 꽤 비관적인 소식이다.

아 시기에 급격한 회로 재구성이 일어나면, 그 이전의 기억들은 사라지거나 변조될 수밖에 없다. 청소년기에도 사람의 뇌는 또 한 번 크게 바뀐다. 흔히 앞의 시기를 '미운 일곱 살', 뒤의 시기를 '중2병' 등의 이름으로 부르기도 한다. 이런 변화를 어른들이 부정적으로 보는 이유는, 이전과 다른 인격체라고 봐야 할 만큼 생각하는 방식이 바뀌기 때문에 어떤 행동을 할지 예측이 어렵기 때문이다. 그 이후로도 사람의 뇌는 40대까지 계속 점진적인 변화를 거치게 되는데, 예를 들어 뇌 백질의 두께가 계속 두꺼워진다. 백질이 두꺼워지는 이유는 백질을 구성하고 있는 신경회로의 수초화**가 진행되면서인데, 이에 따라 신경회로를 통한 정보 전달 속도가 빨라진다. 속도가 빨라질 뿐만 아니라, 한 회로를 구성하는 액손들끼리 속도의 동기화sync가 더 잘 되기 때문에 더 정확한 정보 전달이 가능하다. 모두 다 그런 것은 아니지만, 어른들이 어린아이들보다 이해력이나 판단력이 높아지는 것과 관련된 뇌의 변화가

** 수초화란, 희소돌기아교세포가 뉴런의 액손을 단단히 감싸서 전기적 탈분극 반응이 일어나기 어렵게 만드는 것이다. 탈분극이 액손 중 수초화가 되지 않은 곳에서만 일어날 수 있게 되기 때문에, 종종걸음이 아니라 징검다리를 건너가는 것처럼 신경신호가 액손을 따라 성큼성큼 진행되며, 이 때문에 신경 전도의 속도가 빨라진다.

아닐까 하는 설명도 있다. 장년을 넘어서 노년으로 가면서 뇌는 여러 가지 변화를 다시 겪게 되는데, 대부분은 기억력이나 학습 능력이 떨어진다거나, 각종 질병에 의해 문제가 생기는 등 부정적인 변화들로 인식된다. 50대 이후의 뇌는 새로운 정보를 입력하는 능력보다는 이미 가지고 있는 정보를 활용하는 능력에 집중된다. 평균수명이 60대 정도였던 1970년대라면, 50대 이후의 뇌 변화는 그리 중요한 문제가 아니었을 테지만, 통계청에서 발표한 우리나라 국민의 2019년 기대수명은 83.3세이고, 100세를 넘게 사는 사람도 흔한 시대이다. 즉 50대 이후의 뇌로 인생의 절반을 살아야 한다면, 우리는 노년의 뇌 변화에 대하여 더 자세히 알고 있어야 한다.

미니뇌를 50대, 60대의 뇌와 비슷한 상태로 만들 수 있다면, 노년의 뇌에서 오는 변화를 생물학적으로 파악할 수 있을 것이며, 노인 뇌의 질병(대표적으로는 치매가 있다)을 연구하는 것도 가능해질 것이다. 실제 이러한 연구에 미니뇌 기술을 이용하는 연구자들도 현재 활약 중이다. 우리나라에서는 서울대학교 의과대학 묵인희 교수나 대구경북과학기술원의 서진수 교수가 대표적이다. 이분들은 유전적 원인에 의해서 생기는 알츠하이머병에 주목하여 연구하고 있다. 보통은 노인성 질환으로 생각되지만, 유전적인 알츠하이머병은 훨씬 어린 나이에, 훨씬 강력하게 증세를 나타낸다. 그러므로 이런 환자에게서 발견된 유전자 결함을 가지고 있는 배아줄기세포를 사용하거나 환자로부터 얻은 체세포를 이용해 만든 유도만능줄기세포를 가지고 미니뇌를 만들어 보면, 이런 질병과 유사한 문제점들, 즉 뉴런이 서서히 죽는다거나 노인반 senile plaque*이 만들어진다거나 하는 증상들이 보인다. 이같은 연구 결과는 현재 제작 가능한 미니뇌가 노인의 뇌에서 일어나는 질병 연구에 활용될 수 있음을 시사한다는 면에서는 매우 희망적이지만, 연대기적 측면에서 볼 때 이렇게 관찰된 증상들이 얼마나 사람의 노인성 뇌질환과 비슷한지는 계속 연구가 필요하다. 유전적 원인으로 일어나는 질환이 왜 노인에서 두드러지게 나타나는지에 대한 해석이 아직 명확하지 않기 때문이다. 노인의 뇌와 비슷한 특성을 보이는 미니뇌가 만들어진다면 관련 뇌질환을 진단하고 치료하는 데 큰 도움

---

* 노인반은 치매 질환에서 흔히 보이는 이상 현상으로, 뇌 속에서 아밀로이드 단백질의 조각 등 여러 물질이 엉겨서 이루어진 작은 덩어리를 부르는 이름이다. 알츠하이머성 치매를 진단할 때, 흔히 기억력 감퇴, 노인반 생성, 신경섬유원 엉킴neurofibrillary tangle의 세 가지 대표 증상이 있어야 한다고들 한다. 뒤에 두 가지는 조직검사를 해봐야 알 수 있는 변성이기 때문에 사후 진단에서나 나올 수 있는 소견이었는데, 최근에는 뇌 이미징 검사를 통해 노인반의 생성 여부를 조사할 수도 있다.

이 될 것이다. 그러나 노화한 뇌를 만들기 위해 수십 년간 미니뇌를 키워야 한다면, 연구에 현실성이 없다는 점이 문제다. 벤자민 버튼의 시간이 거꾸로 가듯, 생물학적 시간을 자유자재로 조절할 수 있는 기술이 있어야 한다. 이런 기술이 가능하려면 노화 자체에 대한 이해가 높아져야 하므로, 미니뇌 연구만으로는 이룰 수 없는 경지이다. 노화 연구에서 큰 진전이 있기를 고대한다.

미니뇌를 이용한 뇌 재생 치료 가능성

미니 장기를 만드는 목표는 여러 가지가 있겠지만, 미니 장기를 만들어 장기 이식의 대체품으로 활용하고자 하는 연구자들이 많다. 예를 들어 췌장이 고장난 당뇨병 환자로부터 세포를 얻어 만능유도줄기세포를 제작한 후에, 유전자 교정을 한 뒤 건강한 미니 췌장을 만든다면, 이를 몸속에 이식하여 재생 치료가 가능하다. 간이나 신장, 근육 같은 장기 역시 비슷한 접근이 가능하다. 인슐린을 분비한다거나, 대사 활동을 하는 등의 장기 기능을 대신할 수 있다면, 크기와 모양이 조금 다른 미니 장기를 이식해도 치료 효과를 볼 수 있다. 반면 미니뇌를 이식하는 것은 차원이 다른 문제이다. 일단 뇌는 다른 장기와 달리 이식이 불가능하다. 뇌 이식이 역사적으로 시도된 적이 없는 것은 아니지만, 개념상 뇌 속에 '자아'가 존재한다고 본다면 몸에 뇌를 이식하는 게 아니라 뇌에 몸을 이식하는 것이다. 과연 뇌만 살아 있어서 고장 난 몸을 이식해야 하는 경우가 있을까? 몸은 살아 있고 뇌는 기능을 멈춘, 소위 뇌사 상태는 있지만 그 반대는 생각하기 어렵지 않을까? 흔하지는 않지만, 이런 경우가 있을 수는 있다. 예를 들면, 사고로 몸 전체가 심각하게 손상되었으나, 뇌는 아직 살아 있는 상태의 환자에게 뇌사 상태인 다른 환자의 몸 전체를 기증받아 뇌를 이식하는 경우 말이다.

과학적으로 몸과 마음의 이분법이 부정된 지는 오래되었지만,* 우리 뇌에는 몸을 인식하는 데 특화된 신경회로가 있기 때문에, 타인의 몸을 이식하는 것이 가능하다면, 이에 따른 부조화를 어떻게 뇌가 인식하고 처리할지 미지수이다. 뇌가 몸을 인식하는 체계가 궁금한 독자가 있다면, 몇 년 전 타계한 이 분야 최고 전문가 중 한 분인 올리버 색스의 책 『아

---

* 　뇌는 몸(육체)의 일부이다. 몸속의 장기 중 하나인 뇌가 마음이라 부르는 현상을 생성하는 만큼 몸과 마음은 분리 가능한 것이 아니라는 의미이다. 따라서 육체를 떠난 영혼이라는 것은 존재할 수 없다.

내를 모자로 착각한 남자』를 읽어보기를 권한다. 다양한 신경질환자의 실제 사례들을 읽다 보면 뇌에 대한 관심이 부쩍 올라갈 것이다. 여하간 이러한 희박한 활용도 대비 위험 부담은 너무 높기 때문에, 뇌 이식에 관한 시도는 대부분 비윤리적인 것으로 간주되어 관련 연구 자체가 매우 미비하다. 뇌 전체의 이식이 매우 제한적이라면, 뇌 일부분의 이식은 어떨까? 뇌는 각 부분이 다소 독립적이므로 미니뇌 역시 뇌 일부분과 비슷하게 만들어진다고 했다. 그렇다면 뇌 일부분이 망가진 경우에, 망가진 특정 부분만 다른 사람의 뇌로 대체하는 것이 가능할까? 이러한 시도 역시 아직 가능하지 않다. 뇌는 기능적으로는 구획화되어 있지만 구조적으로는 하나의 거대한 신경망으로 연결되어 있는 데다가, 한 번 끊어진 뇌 연결망이 다시 원래대로 연결되어 재생되는 것은 생각할 수도 없다. 발생 과정 중 국소적으로 뇌 부위가 만들어지고, 이를 응용하여 미니뇌를 만들지만, 일단 각 부분이 신경망으로 통합된 이후에는 다시 분리할 수 없게 되는 것이다. 그러므로 뇌의 부분 이식은 생각하기 어렵고 미니뇌 이식의 효용성에 대해서는 회의적인 연구자들이 많다. 도파민 뉴런을 세포 수준에서 이식하여 파킨슨병을 치료하고자 하는 연구자가 많은 것과는 상당히 대조적이다. 미니 중뇌를 만드는 연구자들도,

중뇌 전체를 이식하기보다는 미니 중뇌 기술을 이용해서 이식에 보다 적합한 중뇌 도파민 뉴런을 만든 후 이들만을 골라내 환자에 이식하는 방법을 우선적으로 고려한다. 이같은 판단의 배경에는 잘못된 뇌 연결성이 갖고 올지 모르는 위험에 대한 두려움이 깔려 있다. 만일 이식한 미니뇌와 이식받은 뇌 사이에 원하지 않는 연결이 생겨나면, 그 연결의 성격에 따라 기억의 소실 또는 변조, 환각, 비정상적 감각, 통증, 호흡 곤란, 운동 장애 등 뇌를 필요로 하는 수많은 일들에 문제가 생기거나 생명의 위협을 받을 수도 있다. 이런 면에서 보면 이식한 미니뇌가 이식받은 뇌와 신경 연결이 안 되어 효과가 전혀 없어도 문제고, 너무 연결이 많이 되어도 문제니, 학자들 입장에서는 미니뇌 이식 문제를 매우 조심스럽게 다룰 수밖에 없다.

이런 어려움에도 불구하고 미니뇌를 이식해 본 연구가 전혀 없는 것은 아니고, 몇 가지 유의미한 시도가 있었다. 예를 들어, 미성숙한 미니뇌를 흰쥐의 뇌에 이식한 후에, 미니뇌 속으로 혈관이 생긴다거나 미세아교세포가 침투한다거나 하는 현상이 일어나는지 조사한 사례가 있었다. 이러한 시도는 미니뇌 이식이 흰쥐의 뇌에 어떤 영향을 미쳤는가에 관심을 두는 것이 아니라, 흰쥐의 뇌 속이 미니뇌가 자라기에 좋은 환경일 가능성이 있으니, 이식된 미니뇌가 실제 뇌와 비슷하게 성장할 것인가 조사하는 데에 목표가 있었다.[36] 연구 결과, 미니뇌 안쪽으로 흰쥐의 혈관이 침투하여 영양분과 산소를 공급하기 시작하였고, 미세아교세포와 같은 뇌 속에 있는 면역세포가 들어왔다. 또한 이식한 미니뇌와 이식받은 흰쥐의 뇌에 있는 뉴런이 서로 연결되었다! 이 연구는 미니뇌 이식을 시도하였음에도 불구하고, 그렇게 위험한 연구를 하고 있다는 인상을 덜 준다. 이 논문에서는 미니뇌를 이식받은 동물이 어떤 반응을 일으켰는지에 대해서는 전혀 언급이 없다. 이 논문이 나온 이후, 다른 연구팀에서도 비슷한 연구 결과를 발표하였는데, 이들 초기 연구 결과를 살펴보면, 과도한 연결성이 문제를 일으키기보다는 연결성이 잘 형성되지 않는 것이 더 큰 문제점인 것으로 보인다. 뇌가 가진 재생 능력을 조절해 망가진 뇌를 치료하는 방법에 대한 연구는 매우 오랜 역사를 가지고 있는데, 신경 재생은 잘 일어나지 않는다. 신경계가 한 번 연결되고 나면 연결에 필요한 분비 인자(4장 참조)가 더 이상 적재적소에서 발현되지 않으니 끊어진 액손이 어디로 가야 할지 알기 어렵고, 손상 주변부는 처음 발생 과정 동안에는 존재감이 미미하던 면역세포나 혈관이 많아지는 등 훨씬 복잡한 환경이 되어버린다. 뿐만 아니라 발생 과정

나는 뇌를 만들고 싶다

동안에는 뇌의 크기가 아주 작기 때문에 조금만 이동하면 서로 연결될 수 있었던 반면, 어른의 뇌는 상당히 크기 때문에 아주 빠른 속도로 액손이 자라지 않으면 유의미한 재생이 일어나지 않는다.[*37] 액손이 새로 자라서 정상적인 연결성을 다시 회복하기 위해서는 촉진 인자나 방향을 알려주는 정보가 필요한데, 이들이 부족하기 때문에 재생이 어렵다. 설상가상으로 어른의 뇌에서는 재생이 일어나지 않도록 억제하는 다양한 인자가 분비되고 있다. 즉 사람의 뇌는 재생이 일어나기 어려운 정도가 아니라, 재생이 일어나지 못하도록 적극적으로 막고 있는 상태에 있다. 간단한 신경계를 가진 동물이라면 신경계의 구성과 연결성이 경험보다는 유전자 청사진에 의해 결정되므로, 최초의 발생 프로그램을 재활용해서 망가진 신경망을 고치는 것이 유리하다. 하지만 사람을 포함하여

---

* 그렇다면 배 발달 중에 액손이 표적에 도달하여 신경 연결이 되었다 해도 그 이후 뇌가 급격히 자라는 동안 그 성장 속도를 맞추지 못해서 연결이 해체되는 일이 생기지는 않을까 궁금해 하는 독자분이 있을지도 모르겠다. 그러나 그런 일은 잘 일어나지 않는데, 일단 신경 연결이 되고 나면, 두 뉴런은 아주 단단하게 붙기 때문에 뇌가 빨리 자라더라도 고무줄 늘어나듯이 액손 전체가 늘어나게 되어 연결 자체가 끊어지지는 않는다. 시험관 안에서 잘 통제된 상태에서 물리적으로 뉴런을 잡아당기면, 최대 하루에 8밀리미터까지 액손을 성장시킬 수 있다고 한다. 이러한 방식의 성장을 영어로는 'stretch growth(늘이기 성장)'라고 한다.

훨씬 복잡한 뇌를 가진 동물들의 경우 뇌에 쌓아 놓은 수많은 정보들은 유전자 청사진에 있는 것이 아니라 경험 의존적으로 만들어낸 것이므로 재생이 불가능하다. 오히려 재생 프로그램이 활발하다면, 경험으로 쌓은 정보가 리셋 되므로 유전자 청사진에 충실한 태아 상태 뇌로 자꾸 되돌아갈지도 모른다. 아마도 이런 이유로, 경험을 축적하는 역할이 더 중요한 고등 동물의 뇌는 재생 능력을 포기한 것 같다. 한 번 망가지면 고칠 수 없으니 단단한 두개골 안에 뇌를 모셔두고, 한 번 망가지면 생물학적으로는 개체의 생존을 포기해 버리는 진화적 선택이 인간이라는 종의 융성에는 더 유리한 것이다. 우리가 어떤 사람을 사랑하거나 존경하는 이유는 리셋이 불가능한 신경망을 잘 키워서 좋은 인격을 만들어 냈기 때문이다. 인격까지 재생시키는 것이 가능하지 않다면, 뇌 재생 또는 뇌 이식은, 같은 얼굴을 가진 새로운 인격체가 되는 과정일 수 있다.

미니뇌를 아무리 정교하게 잘 만든다 하더라도, 미니뇌 조직과 손상된 뇌를 적절하게 연결하는 묘안이 없으면 미니뇌를 이용하여 재생 치료를 하는 것은 쉽지 않다. 오랜 시도에도 불구하고 뇌 재생 치료에 마땅한 해결책이 없는 애석한 현실을 생각할 때, 미니뇌라는 새로운 재료의 출현이 새로운

나는 뇌를 만들고 싶다

희망을 불러일으키는 것은 사실이다. 미니뇌가 특정 뇌 부위의 대체재로 사용될 수 있다고 볼 때, 대뇌와 같이 개개인의 개성을 담고 있는 부분보다는 해마, 흑질, 척수와 같이 그나마 좀 더 단순한 신경계의 재생에 먼저 집중하는 것이 어떨까 하는 생각도 든다. 기술의 발전은 다양한 접근을 통해 뇌 재생 문제를 해결할 수 있는 과학적 방법을 제공할 것이다.

미니뇌의 산업적 이용

미니뇌는 비싸고 어렵다. 지금까지는 돈 이야기를 한 번도 꺼내지 않았는데, 사실 미니뇌를 만들 때 사용해야 하는 재료가 아주 비싸다. 뿐만 아니라 승인 절차 등 행정적인 비용이나 노력도 만만치 않다. 만드는 방법을 배우기도 쉽지 않아서 몇 달 이상의 훈련이 필요하다. 다시 말해 연구자들이 단순한 호기심이나 가벼운 마음가짐으로 시작할 수 있는 일이 아니다. 앞서 소개한 대로 미니뇌는 사람 뇌의 신비를 밝히기 위한 새로운 모델로 가치가 있다. 이 모델을 이용해서 신약 개발을 한다거나 재생 치료에 사용하는 등의 잠재적인 경제적 가치가 있는, 아직 긁지 않은 복권이나 마찬가지다. 하지만 아직은 매우 초기 단계에 있는 기술이므로, 현재의 연구 개발 대부분은 어느 나라나 정부 투자를 중심으로 이루어지고 있다. 즉 세금으로 진행하고 있는 연구이다. 나랏돈은 눈먼 돈이라는 이야기도 있지만, 대부분의 연구자들은 세금으로 만든 연구비를 허투루 쓰고 싶어하지 않는다. 과학자들이 특별히 도덕적으로 더 고결해서가 아니라, 연구비를 받기가 정말 힘들기 때문에 어렵사리 받은 연구비로 열심히 연구해서 성과가 나오도록 재투자하지 않는다면, 다음 연구비를 받을 기회가 없어지기 때문이다.

정부에서는 과학 연구에 투자할 때, 미니뇌처럼 아직 어떤 기술로 발전될지 모호하지만 성공한다면 인류에 크게 도움이 될 만한 초기 연구를 발굴하여 지원하거나, 아니면 개인 또는 민간이 할 수 없는 연구의 기반을 조성하는 데 도움이 될 만한 분야를 골라 지원하게 된다. 이러한 투자는 세금을 가지고 이루어지므로, 간접적으로 국가 산업을 발전시키고 기업이 성공하여 세금으로 재회수하게 되기를 기대한다. 세기의 투자라고 불렸던 미국의 인간 게놈 프로젝트를 사후 분석한 결과, 미국 정부의 투자는 무려 141배의 경제적 효과를 가져왔고, 이같은 산업 성장에 따라 미국 정부는 세금으로만 투자금을 모두 고스란히 환수했다고 한다.[38] 그게 다가 아니라 미국은 유전체 분석 및 정보 활용 분야에서 최고의 기술력과 정보, 산업적 기반을 만들어 놓았기 때문에, 앞으로 거두어들일 경제적 효과 또한 가늠하기 어려울 만큼 크다. 이런 대박 프로젝트가 흔하지는 않겠지만, 이런 기획을 하고 성공으로 이끌어내는 혜안이 부럽기도 하다.

　기초 과학이 발전해야 산업이 발전한다고들 하지만, 사실 이 주장은 과학과 산업의 관계를 과도하게 단순화한 것이다. 기초 과학 지식이 산업 발전의 근간이 되는 것은 맞지만, 산업이 얼마나 탄탄한지가 기초 과학의 역량을 결정하기도 한다. 간단히 미니뇌를 연구하고 있는 우리 연구실에 들어가 보면, 미니뇌를 배양하는 배양액부터 배양접시, 배양기 등 거의 대부분이 외국에서 수입해 온 것이다. 특히 배아줄기세포의 배양액은 각종 노하우가 쌓여 있는 값비싼 제품이다. 500ml 한 병에 수십만 원씩 하는데, 배아줄기세포는 빨리 자라는 세포이기 때문에 배양액이 아주 많이 필요하다. 이 배양액은 미국 회사에서 수입한 것이다. 미니뇌를 1년씩도 키워야 한다고 보면, 배양액에만도 만만치 않은 금액이 들어간다. 미니뇌를 분석하기 위하여 사용하는 현미경 등 다양한 분석 장비들도 모두 외국에서 수입한 제품들이다. 국산품이 아예 없는 것은 아니지만, 이러한 산업 기반이 약하다는 것은 우리

나라의 연구가 대부분 외국의 산업 기술에 의존해야 하고, 그만큼 같은 연구를 하는 데 사용해야 하는 비용이 크다는 의미이다. 정부 입장에서도 미국은 연구비 투자가 내수시장을 키우는 데 도움을 주는 반면, 우리나라에서는 연구비의 상당 비중이 외국 기업의 물건을 사는 데 쓰이게 되니 난처한 면이 없지 않다. 그럼에도 세계 1~2위를 다툴 정도로 연구 개발에 투자하는 국가이니, 한국에서 태어나 과학자로 살아갈 수 있어 감사할 따름이다. 연구자 입장에서는 은근히(사실은 노골적으로) 산업화가 가능한지를 따지는, 소위 '실용화' 연구를 해야 하지 않겠냐는 압박을 받기도 한다.

미니뇌 연구로 뇌의 신비를 밝혀서 산업에 이용하고자 해도, 아직은 관련 산업도 없고 좀 막막하기도 하다. 미니뇌를 열심히 연구해서 언젠가는 어떻게 뇌가 작동하는지 파악할 테니 나를 믿고 투자해 달라고 하면 투자해줄 사람이 있을까? 그 돈으로 부동산을 사거나 잘 나가는 주식에 투자하면 더 큰 수익률을 기대할 수 있지 않을까 싶다. 하지만 미니뇌를 약물 개발에 사용할 수 있으니, 현 수준에서 미니뇌를 이용할 수 있는 방법을 찾아보는 것이 중요하다. 문제는 소수의 연구자만이 관심을 갖고 소수가 뛰어나게 잘 해낸다고 해서 산업화가 성공하는 것은 아니라는 점이다. 이 책을 써봐야겠다고 마음먹은 데에는, 미니뇌 기술에 관심을 가지는 연구자가 더 많아지고, 연구자들에게 기꺼이 세금을 쓰도록 허락하는 입장에 있는 사람들이 여기에 더 많은 관심을 가져주길 바라는, 사심도 어느 정도 작용했다. 내 생각에는, 많은 연구자들이 미니뇌 기술을 사용하는 것이 가능하도록 시스템을 만드는 것이, 실용화를 앞당기기 위해 당장에 가장 필요한 일이다. 보다 많은 사람들이 이 기술을 이용해서 사람 뇌 연구를 할 수 있어야 과학적 진보가 앞당겨질 것이기 때문이다. 이런 측면에서 필자는 미니뇌 기술이 표준화되고 주문하면 배달받아 사용할 수 있는 플랫폼이 출현하기를 간절히 바라고 있다. 이런 방식은 과학 연구를 위한 연구 서비스 시장으로 이미 잘 성립되어 있는데, 예를 들어 유전자 염기서열을 판독하는 일은 20세기 말까지는 각자 연구실에서 가내수공업 방식으로 진행하는 것이 일반적이었다. 그러나 인간유전체 사업이 진행되면서 서비스 회사를 통한 염기서열 판독 시장이 형성되었고, 이것이 바로 미국 정부의 투자가 1달러당 141배의 경제 효과를 가져오게 된 결정적 변화였다. 이 틈새에서 우리나라에서도 염기분석을 전문으로 하는 기업이 만들어져 세계 무대를 상대로 성공을 거두고 있는 것은, 보기만 해도 자랑스럽고 응원하고 싶다. 염기분석뿐만이 아니다. 파괴적 혁신을 이룩한 많은 연구 기술*은 신속히 서비스 산업 기반이 만들어지면서 많은 연구자들이 기술을 손쉽게 이용할 수 있는 상황이 되었고, 이런 진보가 선행되면서 인류를 구원하는 많은 연구 결과가 탄생하였고, 이 기술들이 노벨상을 수상하였다. 노벨상이 세간에서 생각하는 것보다는 기초 연구가 아닌 기술 개발 연구자에게 주어질 때가 많은데, 주로 인류 복지에 기여한, 즉 실제 세상을 바꾼 근원적 업적을 찾아 시상하기 때문이다. 이런 측면에서 볼 때 기술의 개발 자체가 가진 파급력을 매우 높이 평가해야 하며, 이러한 파급력에는 민간 자본과 기업을 통한 확산이 큰 역할을 하고 있다는 점도 함께 주목해야 한다. 미니뇌 기술이 노벨상을 받게 될지 아직은 확신할 수 없지만, 이러한 시스템이 확립되어 많은 연구자들이 손쉽게 사용하게 되고, 이를 바탕으로 뇌질환을 치료하는 데 확실한 기여가 파악된다면, 노벨상을 받게 되지 못하리란 법도 없지 않은가. 산업화와 기초 연구는 생각보다 복잡하게 얽혀 있다.

---

*   PCR, RNA 간섭, 유전자 편집 등이 있다.

미니뇌 기술의 윤리적 딜레마

윤리적인 문제 역시 미니뇌 연구에 있어서 심각하게 고려되어야 한다. 줄기세포 연구 분야가 특별히 윤리적인 문제와 관련이 깊은 것은, 그만큼 인간의 본질에 가까운 세포이기 때문이다. 인간의 생물학적 본질이 수정란에서 출발한다면, 인간의 정신적 본질은 뇌에서 유래한다. 그러므로 줄기세포를 이용하여 뇌를 만드는 과정인 미니뇌 연구는 윤리적으로 여러 가지 딜레마를 유발할 가능성이 높다. 만일 미니뇌에서 신경 신호가 발생하는 것을 해석해서 정보가 포함되어 있는 것으로 밝혀진다면, 미니뇌가 생각을 한다고 해석해야 하는가? 인간의 세포로 이루어졌으며 생각을 가진 존재라면 미니뇌에도 인권을 부여해야 하는가? 윤리적인 문제에는 정답이 있지 않으며, 기술의 발전에 따라 새로이 생겨나는 이슈들을 꾸준히 모니터링해야 한다. 최근의 연구 결과를 살펴보면 6개월 정도 키운 미니뇌에서 미숙아의 뇌파와 비슷한 신호가 검출되었다는 보고가 있었다.**[39] 미숙아라 해도 신생아라면

** 이 결과를 발표한 연구자들은 자신들이 발견한 미니뇌에서의 뇌파 패턴과 미숙아의 뇌파 패턴에 유사성이 있음을 이야기하면서도, 측정 기법상의 차이 등으로 인해 제한적인 결론을 내릴 수밖에 없음을 강조하고 있다. 그

인간으로서 최소한 가져야 할 의식이 존재한다고 볼 수 있는 시기이니, 혹시 미니뇌에도 의식이 있을 가능성을 생각해볼 수 있으며, 그렇다면 이미 윤리적으로 심각하게 생각해봐야 할 상태인 것이다. 하지만 사람의 뇌파 측정은 대개 넓은 범위로 머리에 전극을 듬성듬성 설치하여 뇌 부분들 사이에서 일어나는 거시적 정보 흐름을 측정하는 방식으로 진행되며, 이러한 전제 하에서 인간이 의식적인 뇌 활동을 하는 것과 뇌파 신호 간의 연관성 정보를 얻는 것이다. 그러므로 뇌 일부분만을 모사하고 있는 미니뇌에서 사람과 유사한 거시적 정보 흐름을 관찰할 수 있을지도 의문일 뿐더러, 사람과 유사한 신호 패턴이 잡혔다고 해서 그 사실만으로 '의식'이 존재한다고 하기엔 다소 무리가 있다. 또 하나 간과하지 말아야 할 것은, 사람이 아닌 동물로부터 얻은 줄기세포에서도 미니뇌가 만들어진다는 점이다. 생쥐나 원숭이 등의 배아줄기세포로부터 다양한 부위의 미니뇌를 만들 수 있으며, 이들 역시 사람의 미니뇌와 비슷하게 미니뇌로 발달한다. 아직 생쥐나 침팬지의 미니뇌를 가지고 진행된 연구가 많지는 않지만, 이렇

러나 이 논문에서 제시하고 있는 가능성은 특히 많은 언론과 윤리학자 및 의료법 관계자의 관심을 끌었던 것 같다. 이 논문 이후로 좀 더 활발하게 윤리적 문제에 대한 연구가 진행되고 있는 듯하다.

나는 뇌를 만들고 싶다

게 비슷한 방법으로 만든 미니뇌의 종간 비교를 하는 것은 사람의 뇌가 다른 동물과 어떻게 다른지 파악하는 데 도움이 될 것이다. 다른 측면에서 이를 바라본다면, 현재 만들어낸 인간 미니뇌가 어떤 존재인지에 대하여 힌트를 얻을 수도 있다. 만일 생쥐나 침팬지의 미니뇌에서도 인간 미니뇌에서와 비슷한 뇌파가 잡힌다면, 이는 동물 뇌에서도 관찰 가능한 신경망의 기본 활성과 관련되어 있을 것이다. 그렇다면 사람의 미니뇌에 동물을 다루는 수준에 맞는 윤리적 고려를 넘어서는 특별한 지위를 부여할 필요는 아직은 없을 것 같다. 그러나 기술의 발전과 함께 윤리적 법적 문제는 계속 업데이트될 필요가 있으며, 이에 따라서 상황이 많이 변할 수도 있다.

윤리적인 문제는 연구자에게 중요한 문제이다. 앞서 말한 대로 과학자는 사회로부터 연구할 것을 허락받고 세금을 사용하여 연구를 진행하기 때문에, 사회적인 통념과 도덕적인 기준을 준수해야 할 의무를 가지기 때문이다. 이는 과학자가 특별히 더 도덕적이어야 하기 때문이 아니다. 과학자들은 늘 새로운 연구 개발에 집중하고 있으며, 매우 폐쇄적으로 비슷한 연구를 하는 사람들만을 주로 만난다. 이러한 전문가 집단은 상식적인 눈높이나 정서보다는 독특한 집단 속에서의 공감대에 따라 움직인다. 연구 과정에서 동물을 죽여 뇌를 꺼내야만 하는 경험을 처음 했을 때에 내가 느꼈던 죄책감과 스트레스는 엄청나게 컸지만, 지금의 내게는 늘상 일어나는 일과 중 하나이다. 만일 동물로부터 장기를 꺼내 실험 재료로 사용할 때마다 감정적 충격을 매번 겪는다면, 아마 이런 연구를 제대로 수행하지 못할 것이다. 그러므로 윤리에 관한 교육을 받고 일정한 과정을 거쳐 승인을 받아야 하고, 실험을 할 때 무엇을 반드시 기록해야 하는 등의 문제는 매우 귀찮은 일이긴 하지만, 이런 과정을 통해서 연구자는 현재 하고 있는 행위의 의미를 다시 생각해 보는 한편으로, 이런 문제에 심각한 감정적인 소비를 하지 않으면서 동시에 일반 대중의 감각에서 멀어진 황당한 일을 하지 않는다. 그러므로 이같은 과정은 연구자가 제대로 된 연구를 하도록 돕고 이후 법적 도덕적 문제에 휘말려 더욱더 심각한 파국에 이르지 않도록 방지하기 위한 것이다. 지금은 미니뇌 기술이 폭발적으로 진보하고 있다. 이러한 소용돌이의 한가운데에 있는 연구자는 어디까지는 해도 되고 무엇을 하면 안 되는지에 대한 해답을 윤리 및 법 연구자들에게 구하고 있다. 윤리적 법적 문제가 과학의 발전을 저해해서는 안되지만, 함께 고민하여 보다 좋은 해결책과 금방 다가올 기술의 미래를 대비해야 한다. 살아 움직이는 실험 동물을 죽여 연구 결과를 얻는 것보다는 미니뇌를 배

나는 뇌를 만들고 싶다

양해서 연구 결과를 얻는 쪽이, 내게는 좀 더 윤리적인 행위
인 것 같다.

Computers are useless.
They can only give you answers.

Pablo Picasso

질문들

"컴퓨터는 쓸모없다. 대답만 할 줄 안다." 창의성과 영감이라면 누구보다 뛰어나다 할 파블로 피카소가 컴퓨터에 대해 한 간단한 코멘트는 정곡을 찌른 것 같다.

그렇다. 질문을 하지 못하는 지능은 진짜 지능이 아니다. 대답은 계산을 통하여 만들 수 있지만 질문은 의도와 영감을 통해서만 만들어지기 때문이다. 8장에서는 앞에서 풀어낸 이야기들을 9가지 '질문'에 대해 답하는 방식으로 정리해 보려고 한다. 미니뇌를 주제로 했던 강연 이후 받았던 몇 가지 질문을 재구성하고, 여기에 몇 개의 질문을 덧붙여 보았다. 답하기에 까다로운 질문도 있었지만, 어떤 식으로든 최선을 다해 대답하려 했다. 파블로 피카소의 다음 코멘트를 덧붙여 두는 게 왠지 마음이 편할 듯하다.

"You mustn't always believe what I say. Questions tempt you to tell lies, particularly when there is no answer. (내가 하는 말을 늘 믿지는 말아주세요. 질문은, 특히 답이 없는 질문이라면 더욱, 거짓말을 하라고 유혹한답니다.)"

미니뇌의 먹이는 무엇인가요? 인간은 음식물과
물을 먹어야 생존하잖아요. 산소도 필요하고요.
그렇다면 미니뇌를 살게 하거나(생명 지속 조건)
죽게 만드는 조건은 무엇인가요?

미니뇌도 생명 현상을 유지해야 하니 영양분과 성장 인자, 그
리고 산소 공급이 필요합니다. 정확한 비유는 아니지만, 사람
이 음식을 먹어야 하고, 피가 돌아야 하며, 숨을 쉬어야 하는
것과 비슷하죠. 이러한 성분을 잘 공급해 주어야 하기 때문에
영양분과 성장 인자가 들어 있는 아주 비싼 배양 용액 안에서
키웁니다. 미니뇌에는 혈관이 없기 때문에 피가 돌지 않고,
피를 통해 산소가 몸속 깊이까지 전달되는 것처럼 산소 공급
이 되지 않습니다. 그래서 아기를 어르듯이 천천히 배양접시
를 흔들면서 키우는데, 산소 확산이 더 쉽게 되라고 그렇게
하는 겁니다. 미니뇌가 너무 커지면 산소나 배양액 속에 있는
물질들이 확산되어 들어가기 어려워져서, 조직 안쪽이 상할
수 있거든요. 그래서 수 밀리미터 이상 크기로 키우기는 상당
히 어렵습니다. 이 문제를 해결하려고 다양한 전략이 시도되
고 있으니, 아마 조만간 쉽고 좋은 방법이 개발될 것 같아요.

미니뇌를 키울 때 아기를 어르듯이 흔들면서
키운다고 하셨는데, 미니뇌를 키울 때도 태교와
비슷한 방법이 있나요?

마음을 과학적인 증거에 입각하여 설명하는 것이 아직 어렵
다 보니, 비과학적인 설명들이 그 빈틈을 메우는 경우가 많이
있습니다. 예를 들어 뇌 기능 향상을 위한 뇌 운동법이니 뇌
호흡이니 하는 이야기들이 있지요. 마치 이런 것들이 과학적
으로 증명이라도 된 것마냥 광고하기도 합니다. 플라시보도
있고, 개인적 경험으로는 효과가 있다고 느낄 수 있으나, 개
인적 경험이 있는 것과 과학적인 근거가 있는 것은 아주 다른
차원이죠. 섣부르게 잘못된 설명을 이미 증명된 것처럼 생각
하면 진실을 파악하는 데 오히려 장애가 될 수 있습니다. 저
는 태교가 무의미하다고까지는 생각하지 않지만, 태교 역시
어느 정도는 이런 범주에 있는 이야기라고 생각합니다. 태아
시절에 이미 청각 기능이 확립되기 때문에, 음성적 자극은 태
아의 뇌 발달에 영향을 줄 가능성이 높습니다. 그러나 태교가
아이에게 좋다고 생각하는 산모가 태교를 하는 동안 느끼는
안정감이나 스트레스 호르몬 수치의 감소와 같은 신호들이

태아에게 긍정적으로 기여했을 가능성 역시 매우 높습니다. 이 설명을 드리면서 두 가지 가능성을 우선 말씀드렸지만, 이 것 말고 다른 가능성도 여러 가지로 상상해 볼 수 있습니다. 태교 때문에 산모가 스트레스를 받더라도 태교 음악을 듣는 게 옳은지, 아니면 산모가 스트레스를 받지 않도록 하는 것이 더 좋은지는, '임신 중에 태교 음악을 자주 들었더니 아이가 정서적으로 안정되어 있는 것 같아요~.'라는 개인의 경험담 만으로 판단할 수 있는 문제가 아닙니다. 이렇듯 애매한 상황 에서는 어떤 것이 더 중요한 요소인지, 왜 그런 요소가 중요 한 것인지 구분할 수 있어야 합니다. 이런 면에서 보면 태교 라는 복합적인 과정이 세분화되어 각각의 기여도가 잘 파악 될 만큼 정보가 충분하진 않은 것 같아요. 그러다 보니 과학 적 증거가 없는 많은 공백이 여전히 상상력에 기반한 설명으 로 채워져 있죠.

태교에 대한 이야기를 하다 보니 서론이 좀 길었네요. 미 니뇌는 외부 자극에 반응할 수 있는 생물학적 능력이 있습니 다. 태교는 복잡한 과정이지만, 산모가 행동을 통해 태아에게 감각적 자극을 주거나 호르몬 분비를 통해 생화학적 자극을 주는 과정이라고, 좀 삭막하지만 과학적인 정의로 단순화해 보겠습니다. 생화학적 자극 즉 성장 인자나 호르몬의 처리,

각종 약물 처치 등은 미니뇌의 성장과 분화 패턴을 바꿉니다. 이러한 인자들은 이미 미니뇌를 제작하는 데 적극적으로 사용되고 있습니다. 한편 감각적 자극을 미니뇌 '교육'에 사용할 수 있는지는 아직 연구가 많이 되어 있지 않습니다. 뇌에서 감각 신호는 전기적 신호로 바뀌기 때문에, 태교와 비슷한 감각 자극을 준다고 미니뇌를 배양하는 배양기에 대고 클래식 음악을 틀 필요는 전혀 없습니다. 클래식 음악은 태아의 귀를 통해 전기적 신호로 바뀌어 뇌로 들어가기 때문에, 귀가 없는 미니뇌에는 음악을 틀기보다는 신경 자극을 주어야 합니다. 예를 들어 미니뇌는 전기적 자극에 반응하고, 지속적인 자극을 주면 시냅스가소성을 보이는 등 학습을 하기도 합니다. 그러므로 전기적 자극을 넣어서 미니뇌를 배양하는 것은 얼마든지 가능하고요, 이렇게 키운 미니뇌가 좀 더 다른 능력이나 성숙 정도를 보일 것으로 예측해 볼 수 있습니다. 이러한 배양 방식이 얼마나 시도되었는지는 잘 모르겠습니다만, 조만간 누군가가 자세한 연구 결과를 발표하지 않을까 싶습니다. 배양액에 인자를 처치하는 것과 전극을 꽂아 미니뇌에 전기적 자극을 주는 것과 산모가 태아에게 노래를 들려주는 것이 모두 비슷한 일이라고 상상해 보면, 오묘한 느낌이 들기도 하네요.

미니뇌에도 각각 개성이 있을까요?

흥미로운 질문입니다. 배아줄기세포나 유도만능줄기세포를 연구하다 보면, 세포들이 서로 다른 특성을 보이는 걸 관찰할 수 있습니다. 이러한 차이를 개성이라고 표현해야 할지는 잘 모르겠지만, 각 세포마다 차이는 있습니다. 보통은 배아줄기세포에 특정 약물을 넣어서 발생 과정을 재현해 내는데요, 같은 조건에서도 어떤 줄기세포는 신경줄기세포가 되려는 경향이 크고, 어떤 줄기세포는 중배엽(근육, 뼈 등) 계열이 되려는 경향이 큽니다. 그러므로 미니뇌를 만들기 위해서 새로운 종류의 줄기세포를 사용하는 경우에 약물의 농도나 처리 기간 등을 미세하게 조절해야 합니다. 이러한 차이점들을 고려한다면, 거시적인 측면에서 우리가 체질이니 개성이니 표현하는 개인차가 세포 수준에서도 존재합니다. 다만 이 차이가 개개인의 유전적 특질의 차이에서 올 수도 있고, 세포 배양 조건 등 유전자 외적인 요인에 의한 것일 수도 있어서, 이를 구분하기는 어렵습니다. 소위 본성 대 양육 논쟁Nature vs. Nurture debates이 재현되는 셈인데, 길고 긴 논쟁을 소개하고 여기에 대입시켜서 이 주제를 설명할 필요까진 없을 것

나는 뇌를 만들고 싶다

같습니다. 하지만 적어도 유전자와 환경 모두를 실험적으로 잘 통제할 수 있는 미니뇌 배양 시스템을 이용하면 본성과 양육, 유전자와 환경 요인이 개성을 어떻게 만들어내는지 새로운 접근법을 제시하게 될 것 같습니다. 참, 그리고 보니 남자와 여자의 뇌가 구조 및 기능적으로 다른 부분들이 있다는 것은 과학적으로 잘 밝혀져 있습니다만, 남자의 배아줄기세포로 만든 미니뇌와 여자의 배아줄기세포로 만든 미니뇌에서 남녀 차이에 근접하는 차이가 관찰되는지는 아직 보고된 바가 없습니다. 사실은 본성 대 양육 논쟁에서 열띤 주제 중 하나가 바로 남녀 차이라는 것을 생각해 보면 아주 도발적이고 흥미로운 연구 주제일 것 같습니다. 페미니즘에 대하여 여러 가지 서로 다른 입장을 가진 분들이 계실 텐데요, 페미니즘 1세대 때에는 남녀가 어떤 생물학적 차이가 있는지를 과학적 방법으로 분석하는 일이 매우 반페미니즘적인 것으로 간주되었습니다. 생물학적 차이가 차별로 읽히는 것을 두려워했던 것이죠. 그러나 현재 과학계의 분위기는 남녀 차이는 생물학적으로 존재하니 이를 반영하여 연구하는 것이 필요하다는 쪽으로 바뀌어 있습니다. 이젠 차이가 차별이 될 가능성이 줄어들었다고 생각하는 모양입니다. 이런 해석에 동의하지 않으실지도 모르겠지만, 그런 해석도 있다는 정도로 이해하셨으면 합니다. 현대의 생물학적인 연구 방법이 개인차나 소집단의 차이를 다룰 수 있을 정도로 정교해진 역사가 짧기 때문에, 연구 결과가 의도치 않게 확대해석되어 버렸거나, 또는 의도적으로 왜곡하여 쓰인 경우도 많았어서 미니뇌 개성에 대한 대답은 조금 조심스럽게 해야 할 것 같습니다.

질문 4

미니뇌 실험 과정에서 중간에 폐기되는 것들은 어떤
이유 때문일까요? 그리고 어떤 방식으로 폐기되는지요?

앞서 말씀드렸던 것처럼 미니뇌는 아직 의미 생산이 가능하지 않은 실험 대상체입니다. 인공 뇌를 만드는 원재료인 인간 배아줄기세포는 사용에 대하여 엄격한 통제를 받습니다. 사용하려면 정부의 인허가도 받아야 하고 학교의 기관 승인도 받아야 하는 등 절차가 상당히 까다롭습니다. 미니뇌를 무한정 키울 수 있는 건 아니고, 일종의 수명이 있긴 하겠습니다만, 아직 표준화된 배양 방법이 있는 것이 아니다 보니 키우는 방법에 따라 배양 가능한 기간이 천차만별입니다. 연구자에 따라서는 수년 동안 배양하고 있다는 분도 계신데요, 연구의 역사가 지극히 짧다는 점을 생각해 보면 미니뇌를 얼마나 키울 수 있는지에 대해서는 좀 더 정보가 쌓여야 할 것 같습니다. 미니뇌는 실험 용도로 배양하는 것이기 때문에, 배양 중간중간 수확해서 여러 가지 연구에 이용합니다. 미니뇌는 자생력이 있는 상태가 아닙니다. 미니뇌는, 실제 뇌를 몸에서 꺼내서 잘게 조각낸 후 배양액 속에 넣어둔 것과 비슷한 상태라고 생각할 수 있습니다. 그러니 산소와 여러 가지 영양분 공급을 조금만 잘못 해도 세포들이 죽기 시작해서 결국 전체가 괴사하게 됩니다. 배양상의 이유라거나, 실험의 목적상 중간에 꺼내서 여러 가지 분석에 이용하기도 하지만, 어쩔 수 없이 폐기하는 경우도 있습니다. 실제 미니뇌를 키우는 데는 많은 시간과 노력, 돈이 들어가기 때문에 제대로 사용하지 못하고 폐기하는 상황은 최대한 만들지 않으려고 노력하지만, 어쩔 수 없을 때가 있죠. 현재는 미니뇌를 일반적인 세포와 다르다고 보지 않기 때문에 일반적인 절차를 넘는 별도의 윤리 조항이나 관리 지침이 없습니다만, 연구가 성숙해지는 만큼 앞으로는 점점 더 정교한 가이드라인이 필요하게 될 것 같습니다.

인공 뇌의 전기 신호를 해독하기는 아직 어렵다고
하셨는데요, 해독에 필요한 장비는 어떤 것이 있을까요?
현재 없다면 미래에 개발되어야 할 장비라도 말씀해 주세요.

전기 신호를 읽는 장비는 연구용 또는 임상용으로 많이 개발
되어 있습니다. 미니뇌는 실제 뇌와 비교하면 아주 작아서 미
니어처 장비를 만드는 게 필요했구요, 저희는 KIST의 박사님
들과 협력해서 초소형 장비를 만들었습니다. 저희 말고도 비
슷한 개발을 하고 있는 팀이 전 세계적으로 많으니까, 조만간
쉽고 간편한 장비가 많이 생길 것 같습니다. 문제는 전기 신
호를 읽는 게 아니라 읽은 정보를 해독하는 것입니다. 완전
암호문 같은 정보가 나오기 때문에 이게 과연 해석 가능한 것
인지가 의문이지요. 개별 뉴런 정도로 가면 그나마 인과 관계
가 명확해지기 때문에 좀 더 간단하지만, 이 정보가 어떤 이
유로 나오는지 모른다면, 연관성만 찾아내어 해석해야 하기
때문에 여간 복잡한 것이 아닙니다. 이 '해독' 부분이 쉽지 않
기 때문에 정보과학자들이나 많은 암호 해독 능력자들이 달
려들고 수리적 모델링 등이 시도되는 것입니다. 실제 해독하
면 의미 있는 정보가 나오는 것인지, 나온다면 어느 정도 정

밀하게 나오는 것인지에 대해서는 학자들마다 이견이 있는 것 같습니다. 저는 개인적으로는 인간 이상의 능력을 가진 존재가 있어야만 해독 가능할 거라고 생각합니다. AI가 발전하면 해독할 수 있지 않을까 상상해 봅니다.

질문 6

뇌는 신호를 생산하는 것이 핵심이라고 하셨는데요, 우리의 뇌는 어떤 목적(수학 숙제를 해야 한다거나, 누군가와 대화를 해야 한다거나, 고민거리를 밤새 생각해야 한다거나) 이나 대상(움직여야 할 팔, 다리, 손가락 등)이 있는 신호를 생산하는 게 아닐까 하는 생각이 들었어요. 그런 맥락에서 인공 뇌는 '목적'이나 '대상'이 없는 상태인데도 신호를 생산하는 건가요? 왜 그러는 것일까요?

앞의 질문에서도 대답드렸지만, 나오는 신호의 본질이 무엇인지 현재로서는 불명확하기 때문에 이 질문에는 답을 드릴 수가 없네요. 근거 없는 상상력으로 조금만 덧붙여 보겠습니다. 뇌에서 나오는 최초의 신호는 아무 의미 없는 뉴런의 발화입니다. 그러나 이러한 발화가 모이면 프랙탈처럼 패턴이 형성될 수 있는데요, 이러한 패턴 형성이 좀 더 고차원화되면 어느 시점에선가 의미가 탄생한다고 상상해 보았습니다. 앞에서도 신호와 정보, 의미를 잘 구분해서 말씀드리려 노력했었는데요, 이 개념을 사용한다면 신호 → 정보(패턴) → 의미로 고차원화되는 과정이 있어야 한다는 말입니다. 의미 생산이 자유로운 뇌는 대상을 파악하고 목적을 설정한 후 그에 대해 반응할 수가 있습니다. 파악, 목적 설정, 반응 모든 경우 각각 뇌 신호의 패턴에 '의미'를 실체화하는 과정이 필요하기 때문입니다. 말이 좀 어려워졌네요, 대상을 파악하려면 대상을 '본다'는 시각 정보를 패턴화한 뒤에 이 패턴에서 대상의 의미를 실체화해야 한다는 말입니다. 그러지 못하면 전혀 알지 못하는 외국어로 쓴 글을 본 상태와 비슷하겠죠. 단어도 있고 정보도 있지만, 그 의미는 전혀 파악할 수 없는 상태 말입니다. 인간의 뇌에서는 신호가 정보로 바뀌고 이게 의미로 발전되는 것이 자연스럽게 이어지는데, 미니뇌에서는 신호가 나온다는 증거가 있고, 이게 패턴화 된다는 증거도 쌓이고 있는 중이지만요, 이런 패턴이 의미로 발전한다는 증거는 아직 없습니다. 즉 목적이나 대상이 없는데도 신호를 생산하는 이유는 그저 생물학적인 이유일 텐데요, 뉴런이 집단화되어 있는 미니뇌에서는 패턴 생성이 가능합니다. 그렇지만 목

나는 뇌를 만들고 싶다

적이나 대상이 없는 상태이며, 의미를 만들어 내지도 못하는 상태라고 볼 수 있습니다. 미니뇌가 어떤 상태가 되면 의미를 만들어낼 수 있을지는 회로의 구조나 참여하고 있는 뉴런의 숫자 등을 시험관 안에서 잘 바꾸어 가면서 연구해 볼 수 있을 것 같습니다. 인간의 뇌가 패턴에서 의미 창발을 일으키는 원리를 직접 실험할 수 있는 방법이 아직까지는 없었는데요, 이제 미니뇌 기술을 가지고 처음부터 뇌 회로망을 재구성하면서 어떤 과정을 통해 다른 차원의 정보 생산이 가능한지를 분석하는 것이 가능해질 것입니다. 저희도 이와 관련한 연구를 좀 더 진행하려 하고 있습니다만, 세계 각국에서 많은 연구팀들이 비슷한 생각을 가지고 연구에 박차를 가하고 있을 겁니다. 더 자세한 설명은 일종의 영업 비밀이니, 잘 되고 난 후에나 말씀드려야겠죠?

30년 후쯤, 영화 〈블레이드 러너 2049〉의 배경이 되는 2049년쯤이라고 해둘까요, 인공지능 기계 인간을 만든다면 미니뇌 기술이 나을까요, 아니면 반도체 칩으로 이루어진 인공 뇌가 나을까요? 인간과 흡사한 사고, 동작 면에서나 비용 면에서요. 혹은 다른 형태도 생각해 볼 수 있을까요?

이거야말로 상상의 나래를 펼쳐야 할 것 같습니다. AI가 인간처럼 생각하게 되는 게 빠를까, 아니면 미니뇌가 인간처럼 생각하게 되는 게 빠를까 하는 질문이라고 생각되는데요, AI의 경우에 인간과는 다른 특별하거나 특정 능력을 가진 시스템으로 만들려고 하는 것이 현재 연구자들의 개발 방향이긴 합니다. 인간 자체를 AI로 대체하는 것이 아니라 인간이 활용 가능한 특정 능력이 특별히 강조되어 있는 시스템을 만들고 그것을 사람이 다루려고 하는 생각인 거죠. 특정 능력이란 예를 들면, 인간보다 뛰어난 계산 능력, 인지 능력, 보다 정확한 예측/분석 능력 등등이지요. 미니뇌는 생물학적 뇌 일부분만을 만드는 기술이니까, 이런 미니뇌가 진짜 뇌보다 좋아지기는 어렵습니다. 그래서 AI가 초인간을 지향하는 특정 뇌 기능

업그레이드 기술이라면, 현재의 미니뇌는 특정 뇌 부분의 다운그레이드 기술이기 때문에, 임상 시험을 위한 생물학적 대체재와 같은 유용성이 있습니다. 미니뇌를 만드는 데 돈이 아주 많이 들기 때문에, 사회적으로 용인된 범위를 넘어가는 연구를 하는 게 쉽지 않습니다. 소설 속에서 흔히 나오는 미친 과학자가 혼자 몰래 연구하기에는 돈과 인력이 너무 많이 듭니다. 그러므로 30년 후를 예측해 보면, 제 생각엔 AI 쪽이 더 근사한 기술이 되어 있을 가능성이 높다고 봐요. 그렇다고 해서 미니뇌 기술이 초인간 기술이 되지 말라는 법도 없다고 생각합니다. 사람과 비슷한 능력을 가진 뇌를 만드는 것도 흥미롭지만, 사람과는 완전히 다른 방식의 능력을 가진 뇌를 만들 수 있을지도 모른다는 생각은 듭니다. 인간의 세포로 만들어지긴 했지만 연결 방식이 완전히 달라서 사람과는 다른 지적 능력을 가진 존재가 된다거나, 인간의 세포로 되어 있긴 하지만 문어 같은 동물과 비슷한 신경회로를 시험관에서 재구성한다면 어떤 일이 일어날까 하는 상상을 해볼 수 있습니다. 좀 과격한 상상들이긴 한데요, 패션쇼가 전위적인 개념을 제공하고 양산될 때는 좀 더 보수적으로 개발되는 것처럼, 과학자들에겐 과격한 상상이 어느 정도 허락되어 있습니다. 여하간 미니뇌 기술이 상상력을 자극하는 것 자체가 중요한 진전입니다.

뇌의 지도를 완벽하게 알아내고 모사할 기술까지 생기면
가장 먼저 치료할 수 있는 질병은 어떤 것이 있을까요?
반대로 그런 최첨단 시대에도 (인체의 다양한 기전으로
인해) 치료할 수 없는 영역이 있다면 어떤 것일까요?

뇌의 특징은 빠른 속도로 그 지도 회로망을 바꾼다는 점입니다. 이를 뇌 가소성이라고들 부르는데요, 3차원 공간 안에 있는 회로가 시간에 따라 바뀌기 때문에 소위 '4차원' 지도를 완성해야만 합니다. 뇌 지도를 완벽하게 알아낸다는 것이 그만큼 쉽지 않아요. 의학적 치료의 역사를 보면, 모르고 치료하던 시대(경험 의학)가 있었는데요, 당시까지 인류가 진화하면서 내내 쌓아온 노하우가 다 들어갔죠. 경험으로 해결할 수 있는 문제가 다 풀렸어도 해결이 안 되는 문제들은 그만큼 어려운 문제들이니까, 그걸 경험으로 해결하자면 인류의 진화만큼 오랜 시간이 더 걸리겠죠. 그러니 경험 의학이 지고 근거 의학이 떠오르게 된 것일 텐데요, 이게 현대 의학입니다. 현대 의학은 설명 가능한 가설을 전제로 치료 전략을 짜고 이런 방법으로 많은 질병을 해결해 왔습니다. 하지만 뇌가 어떻게 작동하는지 잘 모르다 보니 의학적 치료법 개발이 매우 더

딘 거죠. 뇌 지도가 완성되면 뇌의 작동 원리를 지금보다 더 잘 파악하게 될 테니, 많은 뇌질환이 해결될 것으로 생각합니다. 뇌 지도를 진단/치료에 직접 이용하지 않더라도, 뇌 지도를 완성했다는 건 그만큼 뇌에 대해 많은 것을 알게 되었다는 의미이기도 하니까요.

　뇌가 손상되면 그 손상을 구조적으로 해결할 수는 있지만 그 뇌 속에 들어 있던 데이터(경험에 의한 기억, 작업 능력 등)는 없어졌다고 할 수 있습니다. 하드드라이브가 깨지면 새 하드를 넣을 수는 있지만 물리적으로 깨져서 망가진 데이터를 복원하는 것은 백업이 없다면 힘든 것과 비슷한 이치입니다. 따라서 최첨단 시대에 뇌를 새로 싹 갈아치울 수 있다 해도 담겨진 정보는 어떻게 해보기 힘들 것 같습니다. 뇌 정보를 백업하겠다는 야심을 가진 연구자들도 많은데, 이런 점을 생각해 볼 때 일리 있는 발상인 것도 같습니다. 다만 CPU와 하드드라이브가 물리적으로 구분되어 있는 컴퓨터와 달리 계산능력(의식)과 정보(기억)를 구분할 수 없는 뇌에서 정보만을 백업하는 건 가능하지 않을 것이라고 생각하는 학자들이 많습니다. 만일 의식과 기억을 동시에 백업하게 된다면, 그건 자아를 가진 새로운 존재를 창조하는 셈이죠. 이런 건 가능하지도 않고, 이렇게 만들어진 새로운 자아는 원래의 제공자와는 다른 독립적인 존재로서 인정해야 하지 않는가 하는 철학적인 문제도 만만치 않을 것 같습니다.

질문 9

실험실의 일과는 어떻게 되시나요? 교수님을 비롯한 연구팀은 미니뇌를 배양하고 지켜보고 기록하는 일을 하루 종일 하시는 건가요? 반복적인 일과에서 지루함이나 염증을 느끼는 순간이 있으세요? 아니면 연구에 박차를 가하고 싶다는 열정을 느끼는 순간은요?

아침에 이메일 확인하고 회의도 해야 하고 커피도 마시면서, 답답하면 괜히 웹서핑도 해가면서 그렇게 연구합니다. 일상이 되고 나면 사실 별것 없습니다. 말은 거창하게 하지만 연구를 통해 새로운 정보를 얻는 것은 매우 느린 과정이라서, 저희가 한 가지 주제의 연구를 정리해서 논문 한 편을 쓰는데 대략 5년 정도를 씁니다. 그러니 연구는 아주 장기전이어서, 저희 연구원들에게도 늘 조급해 하지 말고 여유를 갖고 낙관적인 태도로 임하라고 조언하고는 합니다. 이러한 순간순간 중에 예상치 못했던 새로운 발견이 있고, 그때는 열정을 크게

나는 뇌를 만들고 싶다

느낍니다. 새로운 발견으로 얻은 새로운 단서가 우리를 어떤 신세계로 이끌게 될지 모르니까, 흥분하는 것이죠. 아이러니하지만 저를 포함해서 많은 과학자들은 예상했던 결과가 나왔을 때보다는, 뭔지 모르는 알 수 없는 결과가 나왔을 때 훨씬 더 흥분합니다. 이러한 특성을 '무지에 대한 동경'*이라고 표현할 수 있을 텐데요, 탐정이 해결하기 어려운 난제를 보았을 때 느끼는 짜릿함과 비슷한 겁니다. 저는 무지가 가진 전염성 역시 중요하다 믿습니다. 일상생활에서도 주변에 누가 뭘 모르겠다고 하면 '공대오빠(또는 공대언니)' 기질이 튀어나와 그 문제를 해결하려고 노력하는 사람들이 있는데요, 과학자들 중에는 특히 이런 성향을 가진 분들이 많습니다. 연구실에서 여러 사람이 함께 토론하고 다른 연구실의 학자들과 교류하다가, 다른 연구자가 궁금해하는 것을 알게 되면, 그 문제를 함께 해결하려고 뛰어드는 경우가 많이 있습니다. 내가 가진 정보와 기술이라면 그 질문을 쉽게 해결할 것 같은 생각

---

* 　스튜어트 파이어스타인이라는 학자가 쓴 『이그노런스』라는 책에 나오는 말입니다. 실제로는 'Pursuit of Ignorance'가 원문이고, 이걸 '무지에 대한 추구'라고 번역했던데, 저는 '무지에 대한 동경'이라고 살짝 바꾸어 보았습니다. 추구보다는 동경이 좀 더 과학자의 주관적 감정을 느끼게 하는 표현인 것 같이 생각되거든요.

이 들 때가 많거든요. 저는 이걸 '무지의 전염성'이라고 부르는데, 이런 게 연구 열정을 높이는 큰 자극제가 되는 것 같습니다.

나는 뇌를 만들고 싶다

나오며

"어둠을 탓하지 말고 촛불을 밝혀라."

인터넷이 발달한 요즘 같은 시대에도 이 말을 맨 처음 한 사람이 누군지 찾는 일은 만만치 않았다. 중국의 속담이라는 말도, 어떤 종교의 교리라는 말도 들었다. 어디서 유래했는지도 모르는 이 말을 내가 잘 기억하고 있는 이유는 필자의 지도교수이신 김경진 교수님의 인생 모토이기 때문이다. 이 말은 교수님의 시그니처로, 제자들이라면 누구나 아주 잘 알고 있다. 김 교수님은 젊은 시절 ROTC로 전방부대에서 근무하시면서 열심히 공부하셨고, 국비유학생이 되어 미국 유학을 다녀

오셨다. 전방부대의 칠흑 같은 어둠 속에서 실제로 촛불을 켜고 공부하셨을까 싶기도 하지만, 가끔 당시를 상상해 보면 어떤 심정이셨을지 알 것 같기도 하다. 우리 세대는 그렇게 어렵게 공부해 오신 스승님들 덕분에 유학을 가지 않고도 최신 과학을 한국에서 편하게 배울 수 있었고, 어두우면 전등 정도는 편하게 켰던 것 같다. 이제 필자도 어느새 50대, 라떼 꼰대가 되었고, 모든 게 불안하기만 하던 젊은 시절은 머리 속에서 미화되고 변조되어 무엇이 진짜 있었던 일인지도 모호할 때가 있다. 내가 과학자로서 무의미한 존재가 되지 않을까 하는 두려움은, 새로운 일에 도전할 수 있는 추진력을 준다. 이 두려움 탓에 좋은 연구 성과로 이름을 남기고 싶은 욕망이 생겨났으며, 좋은 제자를 길러내려는 욕심도 생겼다. 후배 연구자들이 우리가 고생해서 만든 결과를 보면서 배우기도 하지만 비판도 하는 것을 보면서, 과학의 새 지평이 열리는 과정을 내려놓고 보아야 한다는 마음도 갖게 되었다.

미니뇌 연구를 우리보다 먼저 시작하고 훨씬 더 잘하고 있는 과학자들을 많이 알고 있다. 그럼에도 부끄럽지만 이 책을 쓸 만한 용기를 갖게 된 것은, 나의 두려움을 떨치게 해준 많은 분들의 도움 덕분이다. 함께 연구해온 동료, 친구, 제자들이 그들이다. 특히 미니뇌 프로젝트를 함께 개척해 온 이주현 박사[줄기세포 배양법을 우리 연구실을 대표해서 최초로 배워온 바로 그 학생이었다. 이젠 어엿한 박사님이시다], 류재련 교수님[우리 연구실을 함께 지키시는 교수님으로 이 책에서는 자세히 소개할 기회가 없었지만, 아주 쿨한 미니뇌 연구를 하고 계신다], 서규빈 매니저[이제 연구실을 떠났지만, 우리 연구실에서 석사학위를 마친 뒤에도 랩 매니저로 미니척수 관련 연구를 해왔다], 모하메드 박사[이라크 출신으로 우리 연구실에 유일무이한 유학생이었다. 지금은 호주에서 열심히 연구교수로 미니뇌 관련 연구를 독자적으로 하고 있다] 등이 가장 직접적으로 이 책에서 소개한 현재의 미니뇌 연구를 만들어낸 장본인들이다. 선배로, 친구로, 그리고 공동 연구를 하는 동종 업종의 수많은 협력자들로, 많은 분들이 도움을 주셨다. 이 책에 들어 있는 좋은 사진들을 사용하도록 기꺼이 허락하시고 챙겨 보내주신 유임주 교수님, 김규형 교수님, 문지영 박사님에게도 깊이 감사드린다. 책의 마지막 부분에 있는 질문들 중 일부는 내가 카오스재단에서 했던 미니뇌 강의 동영상을 보고 이메일로 질문을 주셨던 김은진 작가님과의 대화 속에서 나온 것들이다. 질문을 만드는 것이 해답을 만드는 것만큼 중요한 일임을 잘 알기에, 감사를 표하고 싶다.

"이런 내용도 책이 되나요?"라는 순진한 질문에도 계속해서 용기를 주신 이음 주일우 대표님의 격려가 없었다면 이렇게 책을 쓸 엄두를 내지 못했을 것이다. 초고를 보내면서 글의 허접함을 걱정했더니, 글을 읽기 좋게 만드는 것은 편집자의 일이라며 불안한 나를 안심시키셨는데, 그냥 하신 말이 결코 아님을 알게 되었다. 전문성과 능력을 보여주신 이승연 편집자에게도 감사드린다.

끝으로, 이 책에는 필자와 함께 연구하고 있거나 교류해 온 과학자들, 그리고 교류가 많지는 않으나 내가 학문적으로 흠모하고 있는 여러 과학자들의 실명이 다수 들어 있다. 직접 생생하게 본인으로부터 들은 이야기를 기록으로 남기는 것이 편하기도 하거니와, 현재 한국 과학이 세계적인 수준에 있음을 은근히 드러내고 싶은 욕심도 있어서, 가급적이면 한국인 과학자들을 거명하려고 의도한 측면도 있다. 이 모든 분들께도 감사를 전하고 싶다. 세세한 내용을 일일이 여쭈어 확인하지 못한 부분이 있다 보니, 혹시 오류를 지적할까 걱정스럽고, 실은 비슷한 내용의 악몽도 꾸었다. 혹시라도 누가 되는 표현이나 오류가 있다면 미리 양해를 구한다. 모든 것이 내 능력의 한계 때문이지 나쁜 의도는 전혀 없다는 점을 밝혀두고 싶다. 이분들이 열심히 연구하여 새로운 결과를 발표하시는 것 때문에 책을 쓰는 도중에도 몇 번이나 내용을 바꾸어 써야 했다. 아마도 이 책이 출판되고 얼마 지나지 않아 많은 부분이 미흡하고 낡은 정보들이 될

지도 모르겠다. 사실 이 책에 담긴 내용이 낡은 정보가 된다는 것은 그만큼 미니뇌 연구가 빠르게 발전한다는 방증일 테니 과학자의 입장에서는 이 또한 즐거워할 일이다.

CHAPTER 1 만들고자 하는, 뇌란 무엇인가

1 Jonas E, Kording KP(2017), "Could a Neuroscientist Understand
   a Microprocessor?" *PLoS Comput Biol* 13(1): e1005268. doi:10.1371/
   journal.pcbi.1005268

CHAPTER 2 뇌를 만드는 재료

2 Han X, Chen M, Wang F, Windrem M, Wang S, Shanz S, Xu Q,
   Oberheim NA, Bekar L, Betstadt S, Silva AJ, Takano T, Goldman SA,
   Nedergaard M. "Forebrain engraftment by human glial progenitor
   cells enhances synaptic plasticity and learning in adult mice."
   Cell Stem Cell. 2013 Mar 7;12(3):342-53. doi: 10.1016/j.stem.
   2012.12.015. PMID: 23472873; PMCID: PMC3700554.

3 Eriksson PS, Perfilieva E, Björk-Eriksson T, Alborn AM,
   Nordborg C, Peterson DA, Gage FH. "Neurogenesis in the adult
   human hippocampus." *Nat Med*. 1998 Nov;4(11):1313-7.
   doi: 10.1038/3305. PMID: 9809557.

4 Spalding KL, Bergmann O, Alkass K, Bernard S, Salehpour M, Huttner
   HB, Boström E, Westerlund I, Vial C, Buchholz BA, Possnert G, Mash
   DC, Druid H, Frisén J. "Dynamics of hippocampal neurogenesis in
   adult humans." *Cell*. 2013 Jun 6;153(6):1219-1227. doi: 10.1016/
   j.cell.2013.05.002. PMID: 23746839; PMCID: PMC4394608.

5   Takahashi K, Yamanaka S. "Induction of pluripotent stem cells from mouse embryonic and adult fibroblast cultures by defined factors." *Cell*. 2006 Aug 25;126(4):663-76. doi: 10.1016/j.cell. 2006.07.024. Epub 2006 Aug 10. PMID: 16904174.

CHAPTER 3 뇌 설계도

6   https://www.ted.com/talks/sebastian_seung_i_am_my_ connectome?language=ko

7   https://www.scientificamerican.com/article/c-elegans-connectome/

8   https://braininitiative.nih.gov/

9   Bae JA, Mu S, Kim JS, Turner NL, Tartavull I, Kemnitz N, Jordan CS, Norton AD, Silversmith WM, Prentki R, Sorek M, David C, Jones DL, Bland D, Sterling ALR, Park J, Briggman KL, Seung HS. "Digital Museum of Retinal Ganglion Cells with Dense Anatomy and Physiology." *Cell*. 2018 May 17;173(5):1293-1306.e19. doi: 10.1016/ j.cell.2018.04.040. PMID: 29775596; PMCID: PMC6556895.

10 Maguire EA, Gadian DG, Johnsrude IS, Good CD, Ashburner J, Frackowiak RS, Frith CD. "Navigation-related structural change in the hippocampi of taxi drivers." *Proc Natl Acad Sci USA*. 2000 Apr 11;97(8):4398-403. doi: 10.1073/pnas.070039597. PMID: 10716738; PMCID: PMC18253.

11 Chung K, Wallace J, Kim SY, Kalyanasundaram S, Andalman AS, Davidson TJ, Mirzabekov JJ, Zalocusky KA, Mattis J, Denisin AK, Pak S, Bernstein H, Ramakrishnan C, Grosenick L, Gradinaru V, Deisseroth K. "Structural and molecular interrogation of intact biological systems." *Nature*. 2013 May 16;497(7449):332-7. doi: 10.1038/nature12107. Epub 2013 Apr 10. PMID: 23575631; PMCID: PMC4092167.

12 Oh SW, Harris JA, Ng L, Winslow B, Cain N, Mihalas S, Wang Q,

Lau C, Kuan L, Henry AM, Mortrud MT, Ouellette B, Nguyen TN, Sorensen SA, Slaughterbeck CR, Wakeman W, Li Y, Feng D, Ho A, Nicholas E, Hirokawa KE, Bohn P, Joines KM, Peng H, Hawrylycz MJ, Phillips JW, Hohmann JG, Wohnoutka P, Gerfen CR, Koch C, Bernard A, Dang C, Jones AR, Zeng H. "A mesoscale connectome of the mouse brain." *Nature*. 2014 Apr 10;508(7495):207-14. doi: 10.1038/nature13186. Epub 2014 Apr 2. PMID: 24695228; PMCID: PMC5102064.

CHAPTER 4 뇌를 만드는 세 가지 원리

13 Nonaka S, Tanaka Y, Okada Y, Takeda S, Harada A, Kanai Y, Kido M, Hirokawa N. "Randomization of left-right asymmetry due to loss of nodal cilia generating leftward flow of extraembryonic fluid in mice lacking KIF3B motor protein." *Cell*. 1998 Dec 11;95(6):829-37. doi: 10.1016/s0092-8674(00)81705-5. Erratum in: Cell 1999 Oct 1;99(1):117. PMID: 9865700.

14 https://en.wikipedia.org/wiki/Homunculus

CHAPTER 5 뇌를 만들다

15 Mariani J, Vaccarino FM. "Breakthrough Moments: Yoshiki Sasai's Discoveries in the Third Dimension." *Cell Stem Cell*. 2019 Jun 6;24(6):837-838. doi: 10.1016/j.stem.2019.05.007. PMID: 31173711; PMCID: PMC7085937.

16 Lancaster MA, Renner M, Martin CA, Wenzel D, Bicknell LS, Hurles ME, Homfray T, Penninger JM, Jackson AP, Knoblich JA. "Cerebral organoids model human brain development and microcephaly." *Nature*. 2013 Sep 19;501(7467):373-9. doi: 10.1038/nature12517.

Epub 2013 Aug 28. PMID: 23995685; PMCID: PMC3817409.

17 Qian X, Nguyen HN, Song MM, Hadiono C, Ogden SC, Hammack C,
    Yao B, Hamersky GR, Jacob F, Zhong C, Yoon KJ, Jeang W, Lin L,
    Li Y, Thakor J, Berg DA, Zhang C, Kang E, Chickering M, Nauen D,
    Ho CY, Wen Z, Christian KM, Shi PY, Maher BJ, Wu H, Jin P, Tang H,
    Song H, Ming GL. "Brain-Region-Specific Organoids Using Mini-
    bioreactors for Modeling ZIKV Exposure." *Cell*. 2016 May 19;165(5):
    1238-1254. doi: 10.1016/j.cell.2016.04.032. Epub 2016 Apr 22.
    PMID: 27118425; PMCID: PMC4900885.

18 Jo J, Xiao Y, Sun AX, Cukuroglu E, Tran HD, Göke J, Tan ZY, Saw TY,
    Tan CP, Lokman H, Lee Y, Kim D, Ko HS, Kim SO, Park JH, Cho NJ,
    Hyde TM, Kleinman JE, Shin JH, Weinberger DR, Tan EK, Je HS,
    Ng HH. "Midbrain-like Organoids from Human Pluripotent Stem
    Cells Contain Functional Dopaminergic and Neuromelanin-
    Producing Neurons." *Cell Stem Cell*. 2016 Aug 4;19(2):248-257.
    doi: 10.1016/j.stem.2016.07.005. Epub 2016 Jul 28. PMID: 27476966;
    PMCID: PMC5510242.

19 이 연구는 조지 로페즈George Lopez라는 분이 200만 달러를 기부해서
    진행되었다. 상당히 흥미로운 이야기인데, 관심 있는 독자는 아래 내용을
    읽어보기 바란다.
    Sharon Begley, "A secret experiment revealed: In a medical first,
    doctors treat Parkinson's with a novel brain cell transplant",
    STAT News, May 12, 2020 Schweitzer JS, Song B, Herrington TM,
    Park TY, Lee N, Ko S, Jeon J, Cha Y, Kim K, Li Q, Henchcliffe C,
    Kaplitt M, Neff C, Rapalino O, Seo H, Lee IH, Kim J, Kim T, Petsko
    GA, Ritz J, Cohen BM, Kong SW, Leblanc P, Carter BS, Kim KS.
    "Personalized iPSC-Derived Dopamine Progenitor Cells for
    Parkinson's Disease." *N Engl J Med*. 2020 May 14;382(20):1926-1932.
    doi: 10.1056/NEJMoa1915872. PMID: 32402162; PMCID: PMC7288982.

20 Kim E, Choi S, Kang B, Kong J, Kim Y, Yoon WH, Lee HR, Kim S,
    Kim HM, Lee H, Yang C, Lee YJ, Kang M, Roh TY, Jung S, Kim S,

Ku JH, Shin K. "Creation of bladder assembloids mimicking tissue regeneration and cancer." *Nature*. 2020 Dec;588(7839):664-669. doi: 10.1038/s41586-020-3034-x. Epub 2020 Dec 16. PMID: 33328632.

21 Xiang Y, Tanaka Y, Patterson B, Kang YJ, Govindaiah G, Roselaar N, Cakir B, Kim KY, Lombroso AP, Hwang SM, Zhong M, Stanley EG, Elefanty AG, Naegele JR, Lee SH, Weissman SM, Park IH. "Fusion of Regionally Specified hPSC-Derived Organoids Models Human Brain Development and Interneuron Migration." *Cell Stem Cell*. 2017 Sep 7;21(3):383-398.e7. doi: 10.1016/j.stem.2017.07.007. Epub 2017 Jul 27. PMID: 28757360; PMCID: PMC5720381.

22 Cakir B, Xiang Y, Tanaka Y, Kural MH, Parent M, Kang YJ, Chapeton K, Patterson B, Yuan Y, He CS, Raredon MSB, Dengelegi J, Kim KY, Sun P, Zhong M, Lee S, Patra P, Hyder F, Niklason LE, Lee SH, Yoon YS, Park IH. "Engineering of human brain organoids with a functional vascular-like system." *Nat Methods*. 2019 Nov;16(11):1169-1175. doi: 10.1038/s41592-019-0586-5. Epub 2019 Oct 7. PMID: 31591580; PMCID: PMC6918722.

23 Andersen J, Revah O, Miura Y, Thom N, Amin ND, Kelley KW, Singh M, Chen X, Thete MV, Walczak EM, Vogel H, Fan HC, Paşca SP. "Generation of Functional Human 3D Cortico-Motor Assembloids." *Cell*. 2020 Dec 23;183(7):1913-1929.e26. doi: 10.1016/j.cell. 2020.11.017. Epub 2020 Dec 16. PMID: 33333020.

24 Faustino Martins JM, Fischer C, Urzi A, Vidal R, Kunz S, Ruffault PL, Kabuss L, Hube I, Gazzerro E, Birchmeier C, Spuler S, Sauer S, Gouti M. "Self-Organizing 3D Human Trunk Neuromuscular Organoids." *Cell Stem Cell*. 2020 Feb 6;26(2):172-186.e6. doi: 10.1016/j.stem. 2019.12.007. Epub 2020 Jan 16. Erratum in: *Cell Stem Cell*. 2020 Sep 3;27(3):498. PMID: 31956040.

25 Zafeiriou MP, Bao G, Hudson J, Halder R, Blenkle A, Schreiber MK, Fischer A, Schild D, Zimmermann WH. "Developmental GABA polarity switch and neuronal plasticity in Bioengineered Neuronal

Organoids." *Nat Commun.* 2020 Jul 29;11(1):3791. doi: 10.1038/
s41467-020-17521-w. PMID: 32728089; PMCID: PMC7391775.

26 Shin H, Jeong S, Lee JH, Sun W, Choi N, Cho IJ. "3D high-density
microelectrode array with optical stimulation and drug delivery
for investigating neural circuit dynamics." *Nat Commun.*
2021 Jan 21;12(1):492. doi: 10.1038/s41467-020-20763-3.
PMID: 33479237; PMCID: PMC7820464.

27 Deglincerti A, Croft GF, Pietila LN, Zernicka-Goetz M, Siggia ED,
Brivanlou AH. "Self-organization of the in vitro attached human
embryo." *Nature.* 2016 May 12;533(7602):251-4. doi: 10.1038/
nature17948. Epub 2016 May 4. PMID: 27144363.
Moris N, Anlas K, van den Brink SC, Alemany A, Schröder J, Ghimire
S, Balayo T, van Oudenaarden A, Martinez Arias A. "An in vitro model
of early anteroposterior organization during human development."
Nature. 2020 Jun;582(7812):410-415. doi: 10.1038/s41586-020-
2383-9. Epub 2020 Jun 11. PMID: 32528178.

28 Karzbrun E, Kshirsagar A, Cohen SR, Hanna JH, Reiner O. "Human
Brain Organoids on a Chip Reveal the Physics of Folding." *Nat Phys.*
2018 May;14(5):515-522. doi: 10.1038/s41567-018-0046-7. Epub
2018 Feb 19. PMID: 29760764; PMCID: PMC5947782.

29 Kanton S, Boyle MJ, He Z, Santel M, Weigert A, Sanchís-Calleja F,
Guijarro P, Sidow L, Fleck JS, Han D, Qian Z, Heide M, Huttner WB,
Khaitovich P, Pääbo S, Treutlein B, Camp JG. "Organoid single-cell
genomic atlas uncovers human-specific features of brain
development." *Nature.* 2019 Oct;574(7778):418-422. doi: 10.1038/
s41586-019-1654-9. Epub 2019 Oct 16. PMID: 31619793.

30 Prüfer K, Racimo F, Patterson N, Jay F, Sankararaman S, Sawyer S,
Heinze A, Renaud G, Sudmant PH, de Filippo C, Li H, Mallick S,
Dannemann M, Fu Q, Kircher M, Kuhlwilm M, Lachmann M, Meyer M,
Ongyerth M, Siebauer M, Theunert C, Tandon A, Moorjani P, Pickrell J,
Mullikin JC, Vohr SH, Green RE, Hellmann I, Johnson PL, Blanche H,

Cann H, Kitzman JO, Shendure J, Eichler EE, Lein ES, Bakken TE, Golovanova LV, Doronichev VB, Shunkov MV, Derevianko AP, Viola B, Slatkin M, Reich D, Kelso J, Pääbo S. "The complete genome sequence of a Neanderthal from the Altai Mountains." *Nature*. 2014 Jan 2;505(7481):43-9. doi: 10.1038/nature12886. Epub 2013 Dec 18. PMID: 24352235; PMCID: PMC4031459.

31 Trujillo CA, Rice ES, Schaefer NK, Chaim IA, Wheeler EC, Madrigal AA, Buchanan J, Preissl S, Wang A, Negraes PD, Szeto RA, Herai RH, Huseynov A, Ferraz MSA, Borges FS, Kihara AH, Byrne A, Marin M, Vollmers C, Brooks AN, Lautz JD, Semendeferi K, Shapiro B, Yeo GW, Smith SEP, Green RE, Muotri AR. "Reintroduction of the archaic variant of NOVA1 in cortical organoids alters neurodevelopment." *Science*. 2021 Feb 12;371(6530):eaax2537. doi: 10.1126/science. aax2537. PMID: 33574182.

CHAPTER 6 한 단계씩 밟아나가다

32 Eiraku M, Takata N, Ishibashi H, Kawada M, Sakakura E, Okuda S, Sekiguchi K, Adachi T, Sasai Y. "Self-organizing optic-cup morphogenesis in three-dimensional culture." *Nature*. 2011 Apr 7; 472(7341):51-6. doi: 10.1038/nature09941. PMID: 21475194.

33 Lindhout D, Schmidt D. "In-utero exposure to valproate and neural tube defects." *Lancet*. 1986 Jun 14;1(8494):1392-3. doi: 10.1016/ s0140-6736(86)91711-3. PMID: 2872511.

34 https://doi.org/10.1101/2020.12.02.409177

35 Gordon A, Yoon SJ, Tran SS, Makinson CD, Park JY, Andersen J, Valencia AM, Horvath S, Xiao X, Huguenard JR, Paşca SP, Geschwind DH. "Long-term maturation of human cortical organoids matches key early postnatal transitions." *Nat Neurosci*. 2021 Mar;24(3):331-342. doi: 10.1038/s41593-021-00802-y. Epub 2021 Feb 22. PMID: 33619405.

36 Mansour AA, Gonçalves JT, Bloyd CW, Li H, Fernandes S, Quang D, Johnston S, Parylak SL, Jin X, Gage FH. "An in vivo model of functional and vascularized human brain organoids." *Nat Biotechnol*. 2018 Jun;36(5):432-441. doi: 10.1038/nbt.4127. Epub 2018 Apr 16. PMID: 29658944; PMCID: PMC6331203.

37 Pfister BJ, Iwata A, Meaney DF, Smith DH. "Extreme stretch growth of integrated axons." *J Neurosci*. 2004 Sep 8;24(36):7978-83. doi: 10.1523/JNEUROSCI.1974-04.2004. PMID: 15356212; PMCID: PMC6729931.

38 https://www.nature.com/news/economic-return-from-human-genome-project-grows-1.13187.

39 Trujillo CA, Gao R, Negraes PD, Gu J, Buchanan J, Preissl S, Wang A, Wu W, Haddad GG, Chaim IA, Domissy A, Vandenberghe M, Devor A, Yeo GW, Voytek B, Muotri AR. "Complex Oscillatory Waves Emerging from Cortical Organoids Model Early Human Brain Network Development." *Cell Stem Cell*. 2019 Oct 3;25(4):558-569.e7. doi: 10.1016/j.stem.2019.08.002. Epub 2019 Aug 29. PMID: 31474560; PMCID: PMC6778040.

과학의 탐구는 인류가 당면한 질문들에 대해서 가능한 자원을 모두 동원해서 최선의 대답을 해보려는 노력입니다. 그렇게 얻은 대답은 짙은 구름 사이로 한 줄기 빛이 비치는 것처럼 희망을 주기도 하고 실제로 역사의 흐름을 바꾸기도 합니다. 이렇게 통쾌한 순간들을 모아 〈반짝이는 순간〉 시리즈를 시작합니다. 강연을 통해 과학지식을 많은 사람들과 공유하는 카오스재단과, 과학에 대한 비평적 시선을 견지하는 과학잡지 에피가, 이 시대의 질문들에 대한 대답을 찾고 있는 과학자들의 연구와 육성을 함께 기록해서 독자들과 나눕니다. 과학자들의 연구가 우리의 삶을, 그리고 세계를 어떻게 바꾸었고, 또 어떤 방향으로 이끌 것인지 궁금한 모든 독자들이 '반짝이는 순간'을 함께 경험하기 바랍니다.

나는 뇌를 만들고 싶다

ⓒ선 웅 2021

지은이 선 웅

펴낸이 주일우
펴낸곳 이음
출판등록 제2005-000137호 (2005년 6월 27일)
주소 서울시 마포구 월드컵북로 1길 52 운복빌딩 3층
전화 02-3141-6126 | **팩스** 02-6455-4207
전자우편 editor@eumbooks.com
홈페이지 www.eumbooks.com

편집 이승연
아트디렉팅 박연주 | **디자인** 권소연
마케팅 이준희·추성욱
인쇄 삼성인쇄

처음 펴낸 날
2021년 6월 11일

2쇄 펴낸 날
2022년 3월 11일

페이스북
@eum.publisher
인스타그램
@eum_books

ISBN 979-11-90944-25-0 94400
ISBN 979-11-90944-24-3 (세트)

값 18,000원